普通高等院校"十三五"精品规划教材

机械设计制造及其自动化专业课程群系列

工程训练

GONGCHENG XUELIAN

主　编　吴斌方　　陈清奎
副主编　娄德元　　陶世钊

U0237938

中国水利水电出版社
www.waterpub.com.cn
·北京·

内 容 提 要

　　本书根据教育部机械工程本科专业培养标准、教育部高等学校机械基础课程教学指导委员会编制的"高等学校机械基础系列课程教学基本要求"、机械工程专业技能实践教学大纲，并结合培养应用创新型工程技术人才的实践教学特点编写。内容包括：机械加工基础知识、钳工实训、车工实训、铣工实训、磨工实训、刨工实训、焊接实训、锻工实训、特种加工实训、装配实训和铸造实训。

　　本书适合普通高等院校机械类、近机械类专业的工程训练教学使用。对于非机械类专业，可根据专业特点和后续课程需要，有针对性地选择书中内容学习。

图书在版编目（ＣＩＰ）数据

工程训练 / 吴斌方，陈清奎主编． -- 北京 ： 中国
水利水电出版社，2018.3
普通高等院校"十三五"精品规划教材
ISBN 978-7-5170-6308-7

Ⅰ．①工… Ⅱ．①吴… ②陈… Ⅲ．①机械制造工艺
－高等学校－教材 Ⅳ．①TH16

中国版本图书馆CIP数据核字(2018)第030632号

书　　名	普通高等院校"十三五"精品规划教材 **工程训练 GONGCHENG XUNLIAN**
作　　者	主　编　吴斌方　陈清奎 副主编　娄德元　陶世钊
出版发行	中国水利水电出版社 （北京市海淀区玉渊潭南路 1 号 D 座　100038） 网址：www. waterpub. com. cn E-mail：sales@ waterpub. com. cn 电话：(010) 68367658（营销中心）
经　　售	北京科水图书销售中心（零售） 电话：(010) 88383994、63202643、68545874 全国各地新华书店和相关出版物销售网点
排　　版	北京智博尚书文化传媒有限公司
印　　刷	三河市龙大印装有限公司
规　　格	184mm×260mm　16 开本　14.25 印张　210 千字
版　　次	2018 年 3 月第 1 版　2018 年 3 月第 1 次印刷
印　　数	0001—9000册
定　　价	39.80 元

工程训练课程，目的是在遵循大学教育的基本原则基础上，使学生从初步认识到熟练掌握机械制造的基本理论和基本技能。学生通过学习本课程，应明确工程训练是综合理论和动手能力的培养课程，增加学生对机械制造教育的感性认识，掌握一定的机械制造工艺技术与学习方法。

本课程采用项目教学法的教学模式，从教学理念上改变传统的学科式的教学思路，采用"以学生为中心、以能力为本位"的课程模式。以工作任务为依据，整合、优化教学内容，做到理论学习与技能训练融合。以真实的工作任务为载体设计课程项目模块；以工作过程为导向，实现"教、学、做"一体化。

本书根据教育部机械工程本科专业培养标准、教育部高等学校机械基础课程教学指导委员会编制的"高等学校机械基础系列课程教学基本要求"、机械工程专业技能实践教学大纲，并结合培养应用创新型工程技术人才的实践教学特点编写。

本书打破了传统金工实习教材的编排方法，按训练内容属性将全书分为10个项目，内容包括：机械加工基础知识、钳工实训、车工实训、铣工实训、磨工实训、刨工实训、焊接实训、锻工实训、特种加工实训、装配实训和铸造实训。

本书配套的虚拟仿真教学资源由济南科明数码技术股份有限公司开发完成，并建设了"科明365"在线教育云平台（www.keming365.com），提供有适合课堂教学的单机版，适合集中上机学习的局域网络版，适合学生自主学习的手机版，构建"没有围墙的大学"、"不限时间、不限地点、自主学习"的理念。主要开发人员包括陈清奎、胡冠标、何强、马仲依、雷文、邵辉笙、李晓东等。

为便于阅读和学习，作者精心挑选了部分实训内容录制成视频，并以二维码形式印制于书中，读者通过扫码即可观看视频。希望使学习过程更生动、直观。

本书在编写过程中，得到中国水利水电出版社的大力支持和帮助，在此致以衷心和诚恳的感谢。编写中还得到了参编学校的有关领导及同仁的热情关心和鼓励，在此也向他们表示诚挚的感谢。

由于编者水平有限，书中不妥之处在所难免，敬请广大读者和同行教师提出宝贵意见，以便及时更正，联系 Email：wubinfang521@163.com。

图书资源总码

编　者

2018 年 1 月

本书知识点与项目对照表

项目名称	任务	相关知识
项目1　机械加工基础知识	任务1：机械加工工艺规程 任务2：常用量具及测量练习 任务3：常用金属材料选择与热处理	1. 工艺过程，定位基准，工艺路线 2. 游标卡尺、千分尺、高度尺、游标万能角度尺和百分表 3. 金属材料，热处理法
项目2　钳工实训	任务1：钳工基本知识 任务2：轴承座划线 任务3：榔头锯削 任务4：榔头锉削 任务5：锉配四方体图 任务6：榔头螺纹孔加工	1. 划线、锯削、锉削、钻孔、攻螺纹和套螺纹 2. 台式钻床、立式钻床 3. 扩孔和铰孔 4. 钳工操作安全
项目3　车工实训	任务1：普通车床操作 任务2：车刀安装 任务3：工件的安装 任务4：典型表面车削 任务5：榔头柄车削工艺	1. 金属切削加工 2. 普通车床 3. 车刀 4. 车削工件装夹 5. 车外圆、端面、钻孔和镗孔、切断、切槽、圆锥面、成形面、螺纹 6. 车削加工尺寸公差 7. 切削三要素、切削用量
项目4　铣工实训	任务1：铣削基本知识 任务2：铣削设备及安装 任务3：典型表面铣削训练	1. 万能卧铣和立铣 2. 铣削平面、沟槽、成形面 3. 铣床主要附件 4. 铣工安全操作规程 5. 平面铣削及分度工件 6. 铣刀的安装
项目5　磨工实训	任务1：磨削基本知识 任务2：传动轴磨削训练	1. 磨削加工 2. 磨床 3. 磨具及磨削液 4. 平面磨削 5. 外圆及内孔磨削
项目6　刨工实训	任务1：刨削基本知识 任务2：典型表面刨削训练	1. 刨削加工、刨床、刨刀 2. 刨削加工的基本操作技能 3. 平面和沟槽加工 4. 刨工安全操作规程
项目7　焊接实训	任务1：焊接基本知识 任务2：焊条电弧焊和气焊 任务3：焊接检验	1. 电弧焊、气焊 2. 焊条、焊剂、焊丝 3. 焊接设备 4. 安全规范措施 5. 焊接缺陷预防

项目名称	任务	相关知识
项目8　锻工实训	任务：正方体自由锻	1. 锻造 2. 始锻温度与终锻温度、加热炉构造 3. 自由锻、模锻和冲压设备 4. 自由锻的基本工序 5. 锻压车间安全生产规程
项目9　特种加工实训	任务1：特种加工基本知识 任务2：典型零件电火花成型加工 任务3：典型零件电火花线切割加工	1. 电火花加工机床 2. 电火花加工 3. 线切割加工机床 4. 线切割加工操作
项目10　装配实训	任务：减速器装配	1. 装配精度 2. 装配钳工手册 3. 装配工具
项目11　铸造实训	任务：砂型铸造	1. 铸造方法和设备 2. 铸造工艺 3. 铸造流程

▶▶▶▶▶ 目录
CONTENT

项目1 机械加工基础知识

【教学目标】

◎知识目标

通过本项目的训练，使学生了解机械制造的一般生产过程；熟悉有关机械工程术语，了解主要技术文件、加工精度、产品质量和技术测量方面的初步知识；了解常用测量仪器的功能；了解常用金属材料的性能等基本知识。

◎技能目标

通过本项目的训练，使学生能正确地选择机械零件的材料和热处理方法，正确地选择、使用常用的测量仪器，掌握编制工艺文件的编制方法和相关原则。

◎情感与态度目标

培养学生的表达、沟通能力和团队协作精神，培养学生的安全生产意识、效率意识及环保意识，培养学生的创新能力、自我发展能力，培养学生爱岗敬业的工作作风。

【项目分析】

根据项目目标，涉及内容较多，具体实施分为三个任务完成，具体如下：

任务1：机械加工工艺规程；

任务2：常用量具及测量练习；

任务3：常用金属材料选择与热处理。

【项目实施】

任务1: 机械加工工艺规程

图1.1所示为某减速器传动轴，通过制订其加工工艺，掌握机械加工工艺有关概念和制订原则。

【任务引入】

机械加工工艺就是机械产品的制造方法，工艺优劣的衡量指标为优质、高产和低消耗，机械加工工艺相关概念和制订原则是每个机械工程师必备的知识。

【任务分析】

不同的企业，生产条件不同，合适的机械加工工艺也不同，在本任务通过制订传动轴的

1

加工工艺，掌握工艺规程有关概念和制订工艺的相关原则。

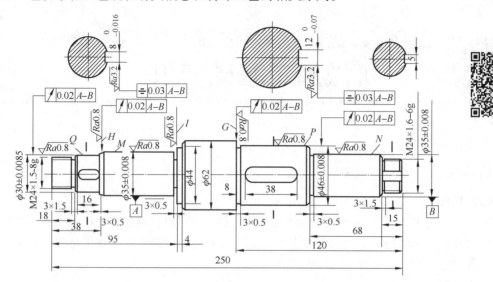

图 1.1　某减速器传动轴

【相关知识】

一、机械加工工艺过程及其组成

机械产品的生产过程是指原材料转变为产品的整个劳动过程（包括原材料运输、保管、生产准备、制造毛坯、机械加工、装配、检验、试车、油漆和包装等）。

在生产过程中，直接改变生产对象的形状、尺寸和性能等，使之成为产品的过程称为机械加工工艺过程，由一系列工序、安装、工位、工步和走刀等组成。

工序

工序是一个（或一组）工人在同一工作地点，对一个（或一组）工件连续完成的那一部分工艺过程。

安装

安装是工件经一次装夹后所完成的那一部分工序内容。

工位

工位是在工件的一次安装中，工件在相对机床所占据的某一固定位置中完成的那部分生产内容。

工步

工步是在不改变加工表面、切削刀具和切削用量的条件下所完成的那一部分工序内容。

走刀

走刀是在一个工步中，当加工表面、切削刀具和切削用量不变时切去一层金属层的加工过程。

二、生产纲领和生产类型

生产纲领是指企业在计划期内应当生产的产品产量和进度计划，一年的生产纲领称为年生产纲领。零件的年生产纲领计算式如下：

$$N = Qn(1 + a\% + b\%)$$

式中　　N——零件的年生产纲领（件/年）；

　　　　Q——产品的年产量（台/年）；

　　　　n——每台设备上该零件的数量（件/台）；

　　$a\%$——备品的百分率；

　　$b\%$——废品的百分率。

生产类型是企业生产专业化程度的分类。按一定时间内产品产量的连续程度划分，分为单件小批生产、成批生产和大量（连续）生产三种类型。

各种生产类型的工艺特点见表1.1。

表1.1　各种生产类型的工艺特点

项　目	单件小批生产	成批生产	大量连续生产
加工对象	不固定、经常换	周期性地换	固定不变
机床设备和布置	采用通用设备，按机群式布置	采用通用和专用设备，按工艺路线呈流水线布置或机群式布置	广泛采用专用设备，全按流水线布置，广泛采用自动线
夹具	非必要时不采用专用夹具	广泛采用专用夹具	广泛采用高效能的专用夹具
刀具和量具	通用刀具和量具	广泛采用专用刀具、量具	广泛采用高效率专用刀具、量具
毛坯情况	用木模手工造型，自由锻，精度低	金属模、模锻，精度中等	金属模机器造型、精密铸造、模锻，精度高
安装方法	广泛采用划线找正等方法	保持一部分划线找正，广泛采用夹具	不需要划线找正，一律用夹具
尺寸获得方法	试切法	调整法	用调整法、自动化加工
零件互换性	广泛使用配刮	一般不用配刮	全部互换，可进行选配
工艺文件形式	过程卡片	工序卡片	操作卡及调整卡
操作工人平均技术水平	高	中等	低
生产率	低	中等	高
成本	高	中等	低

三、机械加工工艺规程

把工艺过程的有关内容，用工艺文件的形式写出来，称为机械加工工艺规程。常用的工艺文件有机械加工工艺过程卡和机械加工工序卡。

1. 机械加工工艺过程卡

机械加工工艺过程卡是以工序为单位简要说明零部件机械加工过程的一种工艺文件。用于说明工序名称、排列顺序、工序内容、工艺参数、操作要求以及所用设备和工艺装备、工时定额等。

2. 机械加工工序卡

机械加工工序卡是在工艺过程卡的基础上，按每道工序所编制的一种工艺文件。一般有工序简图并详细说明该工序每个工步加工（或装配）的内容、工艺参数、操作以及所用设备和装备等。

3. 工艺规程的制订原则

（1）保证达到零件图样上的所有技术要求，确保产品质量；

（2）在满足生产纲领的前提下，使工艺成本尽可能低；

（3）营造良好的劳动条件（一是安全生产，二是尽量降低工人的劳动强度）。

4. 设计零件工艺规程的依据

（1）产品的所有技术文件及技术资料；

（2）坯图；

（3）实际生产条件；

（4）零件的生产纲领（年产量）和所属生产类型。

四、毛坯的选择

1. 毛坯的种类

（1）铸件

铸件适合制造形状复杂，且主要承受压力的零件毛坯，如箱体、床身和机座等。

常用的铸造方法有砂型铸造、金属型铸造、离心铸造、熔模铸造和压力铸造。

1）砂型铸造

砂型铸造分为手工造型和机器造型。手工造型铸出的毛坯精度低，生产率也低，但该方法适应性强，主要应用于单件小批生产及复杂大型零件的毛坯制造。机器造型的铸件质量较好，生产率高，但设备投资大，适用成批或大量生产。

2）金属型铸造

金属型铸造生产出的铸件精度较高，组织致密，表面质量也较好，生产率较高。该方法主要用于大批大量生产中小尺寸铸件，铸件材料多为有色金属。

3）离心铸造

离心铸造主要用于空心回转体零件毛坯的生产，毛坯尺寸不能太大，如各种套筒和管件等。离心铸造的铸件在远离中心的部位，其表面质量和精度都较高，越靠近回转中心组织越疏松。该法生产率高，适用于大批量生产。

4）熔模铸造

铸件尺寸精度高，表面粗糙度低，机械加工量小甚至可不加工，适用于各种生产类型、各种材料和形状复杂的中小铸件生产，如刀具、自行车零件、泵的叶轮和叶片等。

5）压力铸造

铸件的尺寸精度较高，表面粗糙度低，生产率较高。主要用于中小尺寸的薄壁有色金属铸件，如电器、仪表和纺织机零件的大量生产。

（2）锻件

锻件适合制造强度要求较高，形状相对简单的零件毛坯，如主轴等。锻件分为自由锻和模锻。自由锻适合单件小批生产，模锻适合大批生产。

（3）焊接件

焊接件结构重量相对较轻，制造周期短，但变形大，抗振性差。

（4）冲压件

冲压件精度较高，生产率也高，适合制造形状复杂，批量较大的（中小型）薄壁件。

（5）型材

型材包括板材、管材和型钢等（热轧稍厚，但质量不如冷轧或冷拉）。

2. 毛坯的选择原则

毛坯的选择需考虑的问题如下：

（1）零件的生产类型和生产纲领

单件小批量生产：可选择精度较低和生产率较低的毛坯制造方法。

大批量生产：应选择精度高，生产率也较高的毛坯制造方法。

（2）毛坯材料及工艺特性

以满足工作条件和使用要求为前提（考虑强度、刚度、韧性、耐压、耐高温和耐蚀性等方面）。

（3）零件的尺寸和形状

（4）现有生产条件

五、定位基准的选择

基准

用来确定生产对象上几何要素之间相互关系所依据的那些点、线、面称为基准。

定位基准

当工件在加工时，用以确定工件对于机床及刀具相对位置的表面称为定位基准。

粗基准

用毛坯上未经加工的表面作为定位的基准称为粗基准。

精基准

采用经过加工的表面作为定位的基准称为精基准。

精基准的选择原则（重点考虑：减少定位误差，保证加工精度）：

（1）基准重合

（2）基准统一

（3）互为基准

（4）自为基准

（5）注意几何结构

粗基准的选择原则：加工表面与不加工表面的相对位置精度；各加工表面有足够的余量；选择不加工表面作为粗基准，若有几个不加工表面，选其中与加工表面位置精度要求高的一个，以保证两者的位置精度；为保证某重要表面余量均匀，则选择该重要表面本身作为粗基准；若每个表面都加工，则以余量最小的表面作为粗基准，以保证各表面都有足够的余量；粗基准应平整、光滑，无浇冒口、飞边等，定位、夹紧可靠；粗基准应避免重复使用。在同一尺寸方向上，粗基准通常只允许使用一次，以免产生较大的定位误差。

六、工艺路线的拟定

1. 工件装夹方法选择

工件装夹方法有直接找正、划线找正和采用夹具定位直接找正。

2. 表面加工方法选择原则

加工方法的经济精度、表面粗糙度与加工表面的技术要求相适应。

加工方法要能确保加工表面的几何形状和表面间相互位置精度的要求。

加工方法与被加工零件材料的可加工性相适应。

加工方法与生产类型相适应。

加工方法与企业现有生产条件相适应。

3. 加工阶段的划分

粗加工阶段

切除大量多余材料，主要提高生产率。

半精加工阶段

完成次要表面加工（钻、攻螺纹、铣键槽等）主要表面达到一定要求，为精加工做好余量准备，安排在热处理前。

精加工阶段

主要表面达到图样要求。

光整加工阶段

进一步提高尺寸精度，降低粗糙度，但不能提高形状、位置精度。

4. 划分加工阶段的原因

保证加工质量，合理使用设备，便于安排热处理工序，便于及时发现毛坯缺陷，避免重要表面损伤。

5. 工序的合理组合

按照生产类型、零件的结构特点和技术要求、机床设备等具体生产条件，制订工艺过程的具体工序。

工序集中原则

将工件的加工，集中在少数几道工序内完成。每道工序的加工内容较多。

工序分散原则

将工件的加工，分散在较多的工序内进行。每道工序的加工内容很少，最少时每道工序仅一个简单工步。

6. 机械加工顺序的安排

基面先行，先粗后精，先主后次，先面后孔，进给路线短，换刀次数少。

7. 热处理工序的安排

预备热处理

位置：粗加工前；

目的：改善切削性能，消除内应力；

退火：用于高碳钢、合金钢等，降低硬度，便于切削；

正火：用于低碳钢，提高硬度，便于切削；

调质：淬火后高温回火。

最终热处理

位置：半精加工后，精加工前；

目的：提高强度、硬度；

方法：淬火、渗碳和氮化等。

去内应力处理

位置：粗加工前、后，半精加工后，精加工前；

目的：消除内应力，防止变形、开裂；

方法：自然时效、人工时效。

【任务实施】

1. 轴类零件的功用、结构特点

轴类零件是机器中经常遇到的典型零件之一。它在机械中主要用于支承齿轮、带轮、凸轮以及连杆等传动件，以传递运动和转矩。按结构形式不同，轴可以分为阶梯轴、锥度心轴、光轴、空心轴、曲轴、凸轮轴、偏心轴和各种丝杠等。轴类零件是旋转体零件，其长度大于直径，一般由同心轴的外圆柱面、圆锥面、内孔和螺纹及相应的端面所组成。根据结构形状的不同，轴类零件可分为光轴、阶梯轴、空心轴和曲轴等。

轴的长径比小于 5 的称为短轴，大于 20 的称为细长轴，大多数轴介于两者之间。

2. 技术要求分析

图 1.1 所示零件是减速器中的传动轴。它属于台阶轴类零件，由圆柱面、轴肩、螺纹、螺纹退刀槽、砂轮越程槽和键槽等组成。轴肩一般用来确定安装在轴上零件的轴向位置，各环槽的作用是使零件装配时有一个正确的位置，并使加工中磨削外圆或车螺纹时退刀方便；键槽用于安装键，以传递转矩；螺纹用于安装各种锁紧螺母和调整螺母。

根据工作性能与条件，该传动轴图样（图 1.1）规定了主要轴颈 M、N，外圆 P、Q 以及轴肩 G、H、I 有较高的尺寸、位置精度和较小的表面粗糙度值，并有热处理要求。这些技术要求必须在加工中给予保证。因此，该传动轴的关键工序是轴颈 M、N 和外圆 P、Q 的加工。

3. 确定毛坯

该传动轴材料为 45 钢，因其属于一般传动轴，故选 45 钢可满足要求。

本传动轴属于中、小传动轴，并且各外圆直径尺寸相差不大，故选择 ϕ60mm 的热轧圆钢作为毛坯。

4. 确定主要表面的加工方法

传动轴大都是回转表面，主要采用车削与外圆磨削成形。由于该传动轴的主要表面 M、N、P、Q 的公差等级（IT6）较高，表面粗糙度 Ra 值（$Ra = 0.8\mu m$）较小，故车削后还需磨削。外圆表面的加工方案可为：粗车→半精车→磨削。

5. 确定定位基准

合理地选择定位基准，对于保证零件的尺寸和位置精度有着决定性的作用。由于该传动轴的几个主要配合表面（Q、P、N、M）及轴肩面（H、G）对基准轴线 $A - B$ 均有径向圆跳动和轴向圆跳动的要求，它又是实心轴，所以应选择两端中心孔为基准，采用双顶尖装夹方法，以保证零件的技术要求。

粗基准采用热轧圆钢的毛坯外圆。中心孔加工采用自定心卡盘装夹热轧圆钢的毛坯外圆，车端面、钻中心孔。但必须注意，一般不能用毛坯外圆装夹两次钻两端中心孔，而应该以毛坯外圆作为粗基准，先加工一个端面，钻中心孔，车出一端外圆；然后以已车过的外圆作为基准，用自定心卡盘装夹（有时在上工步已车外圆处搭中心架），车另一端面，钻中心孔。如此加工中心孔，才能保证两中心孔同轴。

6. 划分阶段

对精度要求较高的零件，其粗、精加工应分开，以保证零件的质量。

该传动轴加工划分为三个阶段：粗车（粗车外圆、钻中心孔等），半精车（半精车各处外圆、台阶和修研中心孔及次要表面等），粗、精磨（粗、精磨各处外圆）。各阶段划分大致以热处理为界。

7. 热处理工序安排

轴的热处理要根据其材料和使用要求确定。对于传动轴，正火、调质和表面淬火用得较多。该轴要求调质处理，并安排在粗车各外圆之后，半精车各外圆之前。

综合上述分析，传动轴的工艺路线如下：

下料→车两端面，钻中心孔→粗车各外圆→调质→修研中心孔→半精车各外圆，车槽，倒角→车螺纹→划键槽加工线→铣键槽→修研中心孔→磨削→检验。

8. 加工尺寸和切削用量

传动轴磨削余量可取 0.5mm，半精车余量可选用 1.5mm。加工尺寸可由此而定，见该轴加工工艺卡的工序内容。车削用量的选择，当单件、小批量生产时，可根据加工情况由工人确定；一般可由《机械加工工艺手册》或《切削用量简明手册》中选取。

9. 拟定工艺过程

定位精基准面中心孔应在粗加工之前加工，在调质之后和磨削之前各需安排一次修研中心孔的工序。调质之后修研中心孔是为消除中心孔的热处理变形和氧化皮，磨削之前修研中心孔是为提高定位精基准面的精度和减小锥面的表面粗糙度值。当拟定传动轴的工艺过程时，在考虑主要表面加工的同时，还要考虑次要表面的加工。在半精加工 $\phi52$mm、$\phi44$mm 及 M24mm 外圆时，应车到图样规定的尺寸，同时加工出各退刀槽、倒角和螺纹；三个键槽应在半精车后以及磨削之前铣削加工出来，这样可保证铣键槽时有较精确的定位基准，又可避免在精磨后铣键槽时破坏已精加工的外圆表面。

在拟定工艺过程时，应考虑检验工序的安排、检查项目及检验方法的确定。

综上所述，所确定的该传动轴加工工艺过程见表1.2。

表1.2 传动轴加工工艺过程

机械加工工艺卡				产品名称		图 号		
				零件名称	传动轴	共1页		第1页
毛坯种类		圆钢	材料牌号	45 钢		毛坯尺寸		$\phi60$mm×265mm
序号	工种	工步	工序内容			设备	工 具	
							夹具 刃具 量具	
1	下料		$\phi60$mm×265mm					
2	车		自定心卡盘夹持工件毛坯外圆			车床		
		1	车端面见平			C6140		
		2	钻中心孔				中心钻 $\phi2$mm	
			用尾座顶尖顶住中心孔					
		3	粗车 $\phi46$mm 外圆至 $\phi48$mm，长 118mm					

（续）

机械加工工艺卡			产品名称		图　号		
			零件名称	传动轴	共1页		第1页
毛坯种类		圆钢	材料牌号	45 钢	毛坯尺寸		$\phi60$mm $\times265$mm
序号	工种	工步	工序内容		设备	工　具	

序号	工种	工步	工序内容	设备	夹具	刃具	量具
		4	粗车 $\phi35$mm 外圆至 $\phi37$mm，长 66mm				
		5	粗车 M24 外圆至 $\phi26$mm，长 14mm				
			调头，自定心卡盘夹持 $\phi48$mm 处				
			$\phi44$mm 外圆				
		6	车另一端面，保证总长 250mm				
		7	钻中心孔				
			用尾座顶尖顶住中心孔				
		8	粗车 $\phi52$mm 外圆至 $\phi54$mm				
		9	粗车 $\phi35$mm 外圆至 $\phi37$mm，长 93mm				
		10	粗车 $\phi30$mm 外圆至 $\phi32$mm，长 36mm				
		11	粗车 M24 外圆至 $\phi26$mm，长 16mm				
		12	检验				
3	热		调质处理 220～240HBW				
4	钳		修研两端中心孔	车床			
5	车		双顶尖装夹	车床			
		1	半精车 $\phi46$mm 外圆至 $\phi46.5$mm，长 120mm				
		2	半精车 $\phi35$mm 外圆至 $\phi35.5$mm，长 68mm				
		3	半精车 M24 外圆至 $\phi24$mm $-0.1～0.2$mm，长 16mm				
		4	半精车 2～3mm $\times0.5$mm 环槽				
		5	半精车 3mm $\times1.5$mm 环槽				
		6	倒外角 C1，3 处				
			调头，双顶尖装夹				
		7	半精车 $\phi35$mm 外圆至 $\phi35.5$mm，长 95mm				
		8	半精车 $\phi30$mm 外圆至 $\phi35.5$mm，长 38mm				
		9	半精车 M24 外圆至 $\phi24$mm $-0.1～0.2$mm，长 18mm				
		10	半精车 $\phi44$mm 至尺寸，长 4mm				
		11	车 2～3mm $\times0.5$mm 环槽				
		12	车 3mm $\times1.5$mm 环槽				
		13	倒外角 C1，4 处				
		14	检验				
6	车		双顶尖装夹				
		1	车 M24 $\times1.5$mm ～6g 至尺寸	车床			

（续）

机械加工工艺卡				产品名称		图 号			
				零件名称	传动轴	共 1 页		第 1 页	
毛坯种类		圆钢	材料牌号		45 钢	毛坯尺寸		$\phi60\,mm \times 265\,mm$	
序号	工种	工步	工序内容			设备	工 具		
							夹具	刃具	量具
			调头，双顶尖装夹						
		2	车 M24×1.5mm～6g 至尺寸						
		3	检验						
7	钳		划两个键槽及一个止动垫圈槽加工线						
8	铣		用 V 形台虎钳装夹，按线找正						
		1	铣键槽 12mm×36mm，保证尺寸 41～41.25mm			立铣			
		2	铣键槽 8mm×16mm，保证尺寸 26～26.25mm						
		3	铣止动垫圈槽 6mm×16mm，保证 20.5mm 至尺寸						
		4	检验						
9	钳		修研两端中心孔			车床			
10	磨	1	磨外圆 $\phi35\,mm \pm 0.008\,mm$ 至尺寸			外圆磨床			
		2	磨轴肩面 I						
		3	磨外圆 $\phi30\,mm \pm 0.0065\,mm$ 至尺寸						
		4	磨轴肩面 H						
			调头，双顶尖装夹						
		5	磨外圆 P 至尺寸						
		6	磨轴肩面 G						
		7	磨外圆 N 至尺寸						
		8	磨轴肩面 F						
		9	检验						

【归纳总结】

1. 通过该任务的实施，了解常用术语的含义。

2. 通过该任务的实施，了解工艺过程制订的基本原则。

3. 通过该任务的实施，掌握轴类零件的加工工艺制订方法。

【任务评价】

本任务以学习为主，主要检验学生对机械加工工艺基本概念和原则的理解程度。

项　　目	得　　分	备　　注
实习纪律		30 分
基本术语		10 分
毛坯选择		10 分
基准选择		5 分
机加工工序安排		10 分
热加工工序安排		5 分
实际零件工艺		30 分

任务2：常用量具及测量练习

图 1.1 所示传动轴零件图，通过测量，认识常用量具，掌握机械制造常用量具正确的使用方法。

【任务引入】

加工出的零件是否符合图样要求（包括尺寸精度、形状精度、位置精度和表面粗糙度），需要用测量工具进行测量，这些测量工具简称为量具。

零件的生产批量不同，量具可分为通用量具和专用量具；形状和精度不同，测量的量具不同；尺寸大小不同，量具的规格也不同。

【任务分析】

本任务主要测量轴类零件的外圆、轴长、外螺纹和键槽等，通过实际训练，认识和学会正确使用机械加工中常用的量具。

【相关知识】

一、常用通用量具及其使用方法

1. 钢直尺

钢直尺是最简单的长度量具，用不锈钢片制成，可直接用来测量工件尺寸，如图 1.2 所示。它的测量长度规格有 150mm、200mm、300mm、500mm 几种。当测量工件的外径和内径尺寸时，常与卡钳配合使用，测量精度一般只能达到 0.2～0.5mm。

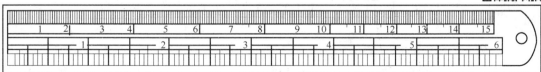

图 1.2　钢直尺

2. 卡钳

卡钳是一种间接度量工具，常与钢直尺配合使用，用来测量工件的外径和内径。卡钳分

为内卡钳和外卡钳两种，如图1.3所示，其使用方法如图1.4所示。

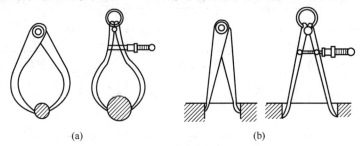

图1.3　卡钳

（a）外卡钳；（b）内卡钳

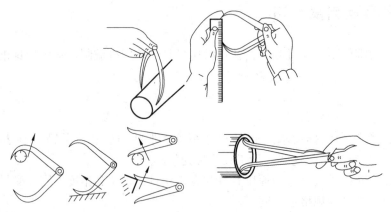

图1.4　卡钳的使用的方法

3. 游标卡尺

游标卡尺是一种中等精度的量具，可直接测量工件的外径、内径、长度、宽度和深度等尺寸。按用途不同，游标卡尺可分为普通游标卡尺、游标深度尺和游标高度尺等几种。游标卡尺的分度值有0.1mm、0.05mm、0.2mm三种，测量范围有0～125mm、0～150mm、0～200mm、0～300mm等。

图1.5所示为一普通游标卡尺，它主要由尺身和游标组成，尺身上刻有以1mm为一格间距的刻度，并刻有尺寸数字，其刻度全长即为游标卡尺的规格。

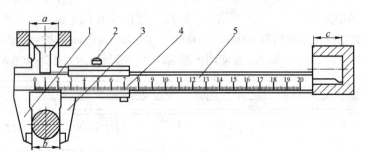

图1.5　游标卡尺

a—测量外表面尺寸；b—测量内表面尺寸；c—测量深度尺寸

1—尺框；2—紧固螺钉；3—内外量爪；4—游标；5—尺身

游标上的刻度间距，随测量精度而定。现以分度值为 0.02mm 游标卡尺的刻线原理和读数方法为例简介如下：

尺身一格为 1mm，游标一格为 0.98mm，共 50 格。尺身和游标每格之差为 1mm － 0.98mm ＝0.02mm，如图 1.6 所示。

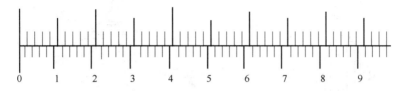

图 1.6　分度值为 0.02mm 游标卡尺的刻线原理

读数方法是游标零位指示的尺身整数，加上游标刻线与尺身线重合处的游标刻线乘以分度值之和，读数为 23mm ＋ 12 ×0.02mm ＝23.24mm，如图 1.7 所示。

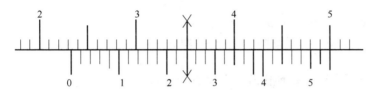

图 1.7　分度值为 0.02mm 游标卡尺的读数方法

用游标卡尺测量工件的方法如图 1.8 所示，使用时应注意下列事项：

（1）检查零线使用前应首先检查量具是否在检定周期内，然后擦净卡尺，使量爪闭合，检查尺身与游标的零线是否对齐。若未对齐，则在测量后应根据原始误差修正读数值。

（2）当放正卡尺测量内外圆直径时，尺身应垂直于轴线；当测量内外孔直径时，应使两量爪处于直径处。

（3）用力适当测量时应使量爪逐渐与工件被测量表面靠近，最后达到轻微接触，不能把量爪用力抵紧工件，以免变形和磨损，影响测量精度。读数时为防止游标移动，可锁紧游标，视线应垂直于尺身。

（4）勿测毛坯面。游标卡尺仅用于测量已加工的表面，表面粗糙的毛坯件不能用游标卡尺测量。图 1.9 所示为游标深度尺和游标高度尺，分别用于测量深度和高度。游标高度尺还可以用作精密划线。

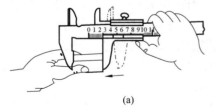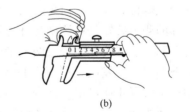

（a）　　　　　　　　　　　（b）

图 1.8　用游标卡尺测量工件的方法

（a）测外表面尺寸；（b）测内表面尺寸

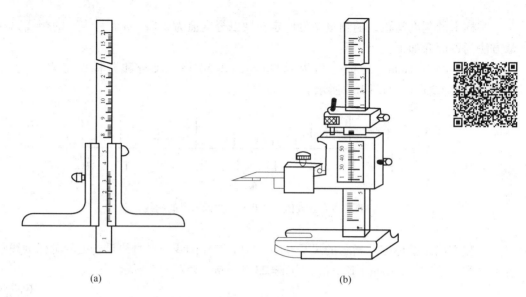

图 1.9 游标深度尺和游标高度尺

（a）游标深度尺；（b）游标高度尺

4. 千分尺

千分尺（又称为分厘卡）是一种比游标卡尺更精密的量具，分度值为 0.01mm，测量范围有 0~25mm、25~50mm、50~75mm 等规格。常用的千分尺有外径千分尺和内径千分尺。外径千分尺的构造如图 1.10 所示。

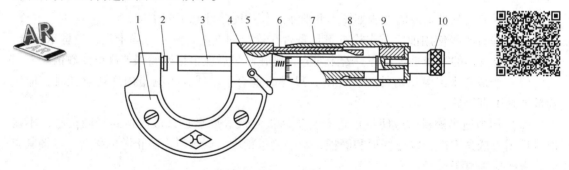

图 1.10 外径千分尺的构造

1—尺架；2—砧板；3—测微螺杆；4—锁紧装置；5—螺纹轴套；6—固定套管；

7—微分筒；8—螺母；9—接头；10—棘轮

千分尺的测微螺杆 3 和微分筒 7 连在一起，当转动微分筒时，测微螺杆和微分筒一起沿轴向移动。内部的测力装置是使测微螺杆与被测工件接触时保持恒定的测量力，以便测出正确尺寸。当转动测力装置时，千分尺两测量面接触工件。当超过一定的压力时，棘轮 10 沿着内部棘爪的斜面滑动，发出"嗒嗒"的响声，这就可读出工件尺寸。测量时为防止尺寸变动，可转动锁紧装置 4 通过偏心锁测微螺杆 3。

千分尺的读数机构由固定套管和微分筒组成（图 1.11），固定套管在轴线方向上有一条中线，中线上方、下方都有刻线，相互错开 0.5mm；在微分筒左侧锥形圆周上有 50 等份的刻度线。因测微螺杆的螺距为 0.5mm，即螺杆转一周，同时轴向移动 0.5mm，故微分筒上每一小格的读数为 0.5/50mm=0.01mm，所以千分尺的分度值为 0.01mm。测量时，读数方法分为以下三步：

（1）先读出固定套管上露出刻线的整毫米数和半毫米数（0.5mm），注意看清露出的是上方刻线还是下方刻线，以免错读0.5mm。

（2）看准微分筒上哪一格与固定套管纵向刻线对准，将刻线的序号乘以0.01mm，即为小数部分的数值。

（3）上述两部分读数相加，即为被测工件的尺寸。

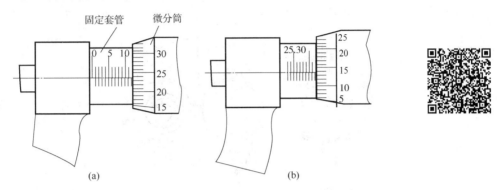

图1.11 千分尺的刻线原理与读数方法

（a）读数＝（12＋0.24）mm＝12.24mm；（b）读数＝（32.5＋0.15）mm＝32.65mm

使用千分尺应注意以下事项：

（1）校对零点

将砧座与螺杆接触，看圆周刻度零线是否与纵向中线对齐，且微分筒左侧棱边与尺身的零线重合，如有误差修正读数。

（2）合理操作

手握尺架，先转动微分筒，当测微螺杆快要接触工件时，必须使用端部棘轮，严禁再拧微分筒。当棘轮发出"嗒嗒"声时，应停止转动。

（3）擦净工件测量面

测量前应将工件测量表面擦净，以免影响测量精度。

（4）不偏不斜

测量时应使千分尺的砧座与测微螺杆两侧面准确放在被测工件的直径处，不能偏斜。

图1.12所示是用来测量内孔直径及槽宽等尺寸的内径千分尺。其内部结构与外径千分尺相同。

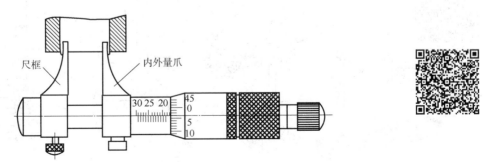

图1.12 用来测量内孔直径及槽宽等尺寸的内径千分尺

5. 百分表

百分表是一种指示量具，主要用于校正工件的装夹位置，检查工件的形状和位置误差及测量工件内径等。百分表的分度值为 0.01mm，分度值为 0.001mm 的叫作千分表。

钟式百分表的结构原理如图 1.13 所示。当测量杆 1 向上或向下移动 1mm 时，通过齿轮传动系统带动大指针 5 转一圈，小指针 7 转一格。刻度盘在圆周上有 100 个等分格，每格的读数值为 0.01mm，小指针每格读数为 1mm，测量时指针读数的变动量即为尺寸变化量，小指针处的刻度范围为百分表的测量范围。

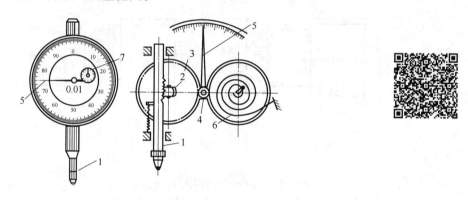

图 1.13　钟式百分表的结构原理

1—测量杆；2.4—小齿轮；3.6—大齿轮；5—大指针；7—小指针

钟式百分表使用时常装在专用的表架上，如图 1.14 所示。

内径百分表是用来测量孔径及其形状精度的一种精密的比较量具。图 1.15 所示的是内径百分表的结构。它附有成套的可换插头，其分度值为 0.01mm，测量范围有 6～10mm、10～18mm、18～35mm、35～50mm、50～100mm、100～150mm 等多种。

内径百分表是测量公差等级 IT7 以上精度孔的常用量具，其使用方法如图 1.16 所示。

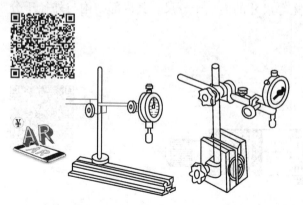

图 1.14　百分表装在专用百分表架上使用

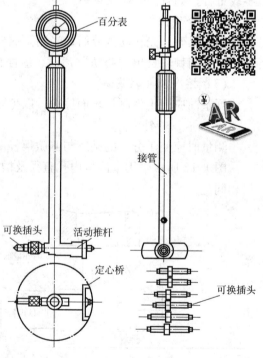

图 1.15　内径百分表的结构

二、量具维护与保养

量具是用来测量工件尺寸的工具，在使用过程中应加以精心地维护与保养，才能保证零件测量精度，延长量具的使用寿命，因此，必须做到以下几点：

（1）在使用前应擦干净，用完后必须擦洗干净、涂油并放入专用量具盒内。

（2）不能随便乱放、乱扔，应放在规定的地方。

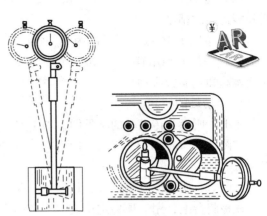

图1.16　内径百分表的使用方法

（3）不能用精密量具测量毛坯尺寸、运动着的工件或温度过高的工件，测量时用力适当，不能过猛、过大。

（4）量具如有问题，不能私自拆卸修理，应交实习指导教师处理。精密量具必须定期送计量部门鉴定。

【任务实施】

1. 齿轮毛坯的检验

图1.17所示是一个齿轮毛坯图，制成一批零件，通过检测该批零件的相关尺寸和技术要求，完成该任务。

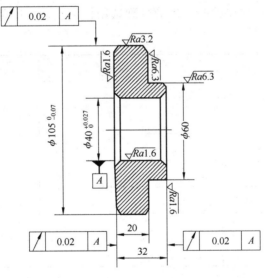

图1.17　齿轮毛坯图

（1）按图1.4检测零件的外圆、孔和厚度，掌握卡钳和钢直尺的用法和能达到的精度。

（2）按图1.5、图1.8检测零件的外圆和孔，掌握游标卡尺的用法和能达到的精度。

（3）用游标深度尺或游标高度尺检测零件的台阶高度，掌握游标深度尺和游标高度尺的用法和能达到的精度。

（4）按图 1.10 检测零件的外圆，图 1.12 检测内孔，掌握外径千分尺和内径千分尺的用法和能达到的精度。

（5）按图 1.16 检测零件的内孔，掌握内径百分表的用法和能达到的精度。

（6）采用心轴用直径为 40mm 的内孔定位，用磁力表座和千分表或百分表分别检测径向圆跳动和轴向圆跳动。

2. 传动轴的检测

图 1.1 所示为传动轴的零件图，加工好一批零件待测。

按图 1.10 和图 1.11 所示，检测直径为 35mm 的轴承位和直径分别为 30mm 和 46mm 的齿轮位。

按图 1.8 所示检测键槽长、宽尺寸、退刀槽尺寸和长度尺寸。

在检测台上，用双顶尖定位或双 V 形块定位；也可在车床或磨床用双顶尖定位，用磁力表座和千分表，检测同轴度和轴向圆跳动。

以上检测方法要多次重复使用，达到测量误差在允许范围内。

【归纳总结】

通过本任务的训练，使学生学会根据不同的表面、不同的精度选择不同仪器正确地检测。

通过本任务的训练，使学生掌握测量仪器的正确使用方法。

【任务评价】

本任务以认知为主，主要检验学生能合理选用机械制造中的常用量具，正确操作常用量具。

项　　目	得　　分	备　　注
实习纪律		30 分
钢直尺和卡钳		10 分
游标卡尺		10 分
千分尺		10 分
百分表和表座		10 分
内径百分表和千分尺		10 分
实际零件测量		20 分

任务3：常用金属材料选择与热处理

图 1.1 所示为传动轴零件图，通过选择该零件材料及热处理方法，认识常用材料的性能，不同热处理方法对材料力学性能的影响。

【任务引入】

机械零件由于作用不同，要求也不同，材料不同其性能也不同，材料相同，热处理不同其性能也不同，因此，在机械设计中存在机械零件材料和热处理选择问题。通过本任务训练，使学生能正确地选择材料和热处理方法。

【任务分析】

本任务是认识材料的性能和常用热处理的作用，为合理选择材料和热处理打下基础。

【相关知识】

一、金属材料的性能

1. 工艺性能与使用性能

金属材料的性能一般分为工艺性能和使用性能两类。

所谓工艺性能是指机械零件在加工制造过程中，金属材料在所定的冷、热加工条件下表现出来的性能。金属材料工艺性能的好坏，决定了它在制造过程中加工成形的适应能力。由于加工条件不同，要求的工艺性能也就不同，如铸造性能、焊接性、可锻性、热处理性能和可加工性等。

所谓使用性能是指机械零件在使用条件下，金属材料表现出来的性能，它包括机械性能、物理性能和化学性能等。金属材料使用性能的好坏，决定了它的使用范围与使用寿命。

2. 金属材料力学性能

在机械制造业中，一般机械零件都是在常温、常压和非强烈腐蚀性介质中使用的，且在使用过程中各机械零件都将承受不同载荷的作用。金属材料在载荷作用下抵抗破坏的性能，称为力学性能。

金属材料的力学性能是零件的设计和选材时的主要依据。外加载荷性质不同（例如拉伸、压缩、扭转、冲击和循环载荷等），对金属材料要求的力学性能也将不同。常用的力学性能包括强度、塑性、硬度、冲击韧性、多次冲击抗力和疲劳极限等。下面将分别讨论各种力学性能。

1）强度

强度是指金属材料在静荷作用下抵抗破坏（过量塑性变形或断裂）的性能。由于载荷的作用方式有拉伸、压缩、弯曲和剪切等形式，所以强度也分为抗拉强度、抗压强度、抗弯强度和抗剪强度等。各种强度间常有一定的联系，使用中一般较多以抗拉强度作为最基本的强度指标。

2）塑性

塑性是指金属材料在载荷作用下，产生塑性变形（永久变形）而不破坏的能力。

3）硬度

硬度是衡量金属材料软硬程度的指标。目前生产中测定硬度方法最常用的是压入硬度法，它是用一定几何形状的压头在一定载荷下压入被测试的金属材料表面，根据被压入程度来测定其硬度值。

常用的方法有布氏硬度（HBW）、洛氏硬度（HRA、HRB、HRC）和维氏硬度（HV）等。

4）疲劳

前面所讨论的强度、塑性和硬度都是金属在静载荷作用下的力学性能指标。实际上，许多机器零件都是在循环载荷下工作的，在这种条件下零件会产生疲劳。

5）冲击韧性

以很大速度作用于机件上的载荷称为冲击载荷，金属在冲击载荷作用下抵抗破坏的能力叫作冲击韧性。

3. 常用金属材料

工业上将碳的质量分数小于2.11%的铁碳合金称为钢，钢具有良好的使用性能和工艺性能，因此获得了广泛的应用。

（1）钢的分类

钢的分类方法很多，常用的分类方法有以下几种：

1）按化学成分

按化学成分碳素钢可以分为：低碳钢（碳的质量分数 <0.25%）、中碳钢（碳的质量分数0.25%~0.6%）和高碳钢（碳的质量分数 >0.6%），合金钢可以分为：低合金钢（合金元素的质量分数 <5%）、中合金钢（合金元素的质量分数5%~10%）和高合金钢（合金元素的质量分数 >10%）。

2）按用途分

按用途可以分为结构钢（主要用于制造各种机械零件和工程构件）、工具钢（主要用于制造各种刀具、量具和模具等）和特殊性能钢（具有特殊的物理、化学性能的钢，可分为不锈钢、耐热钢和耐磨钢等）。

3）按品质分

按品质可以分为普通碳素钢（$w_P \leqslant 0.045\%$，$w_S \leqslant 0.05\%$）、优质碳素钢（$w_P \leqslant 0.035\%$，$w_S \leqslant 0.035\%$）和高级优质碳素钢（$w_P \leqslant 0.025\%$，$w_S \leqslant 0.025\%$）。

（2）碳素结构钢的牌号、性能及用途

常见碳素结构钢的牌号用"Q+数字"表示，其中"Q"为屈服强度的"屈"字的汉语拼音字首，数字表示屈服强度的数值，见表1.3。若牌号后标注字母，则表示钢材质量等级不同。

优质碳素结构钢的牌号用两位数字表示钢的平均含碳量质量分数的万分数，例如，20钢的平均碳质量分数为0.2%。

表1.3　常见碳素结构钢的牌号、力学性能及其用途

类别	常用牌号	力学性能			用途
		屈服强度 R_{el}/MPa	抗拉强度 R_m/MPa	伸长率 A（%）	
碳素结构钢	Q195	195	315~390	33	塑性较好，有一定的强度，通常轧制成钢筋、钢板和钢管等。可作为桥梁和建筑物等的构件，也可用作螺钉、螺母和铆钉等
	Q215	215	335~410	31	
	Q235A	235	375~460	26	
	Q235B				
	Q235C				可用于重要的焊接件
	Q235D				
	Q255	255	410~510	24	强度较高，可轧制成型钢和钢板，做构件用
	Q275	275	490~610	20	

（续）

类别	常用牌号	力学性能			用途
		屈服强度 R_{eL}/MPa	抗拉强度 R_m/MPa	伸长率 A（%）	
优质碳素结构钢	08F	175	295	35	塑性好，可制造冲压零件
	10	205	335	31	冲压性与焊接性能良好，可用作冲压件及焊接件，经过热处理也可以制造轴和销等零件
	20	245	410	25	
	35	315	530	20	经调质处理后，可获得良好的综合力学性能，用来制造齿轮、轴类和套筒等零件
	40	335	570	19	
	45	355	600	16	
	50	375	630	14	
	60	400	675	12	主要用来制造弹簧
	65	410	695	10	

（3）合金钢的牌号、性能及用途

为了提高钢的性能，在碳素钢基础上特意加入合金元素所获得的钢种称为合金钢。

合金结构钢的牌号用"两位数（平均碳质量分数的万分之几）+元素符号+数字（该合金元素质量分数，小于1.5%不标出，1.5%～2.5%标2，2.5%～3.5%标3，依次类推）"表示，见表1.4。

对合金工具钢的牌号而言，当碳的质量分数小于1%，用"一位数（表示碳质量分数的千分之几）+元素符号+数字"表示；当碳的质量分数大于1%时，用"元素符号+数字"表示（注：高速钢碳的质量分数小于1%，其含碳量也不标出）。

表1.4 常见合金钢的牌号、力学性能及其用途

类别	常用牌号	力学性能			用途
		屈服强度 R_{eL}/MPa	抗拉强度 R_m/MPa	伸长率 A（%）	
低合金高强度结构钢	Q295	≥295	390～570	23	具有高强度、高韧性、良好的焊接性能和冷成形性能。主要用于制造桥梁、船舶、车辆、锅炉、高压容器、输油输气管道和大型钢结构等
	Q345	≥345	470～630	21～22	
	Q390	≥390	490～650	19～20	
	Q420	≥420	520～680	18～19	
	Q460	≥460	550～720	17	
合金渗碳钢	20Cr	540	835	10	主要用于制造汽车、拖拉机中的变速齿轮，内燃机上的凸轮轴、活塞销等机器零件
	20CrMnTi	835	1080	10	
	20Cr2Ni4	1080	1175	10	
合金调质钢	40Cr	785	980	9	主要用于汽车和机床上的轴和齿轮等
	30CrMnTi	—	1470	9	
	38CrMoAl	835	980	14	

（4）铸钢的牌号、性能及用途

铸钢主要用于制造形状复杂，具有一定强度、塑性和韧性的零件。碳是影响铸钢性能的

主要元素，随着碳质量分数的增加，屈服强度和抗拉强度均增加，而且抗拉强度比屈服强度增加得更快，但当碳的质量分数大于 0.45% 时，屈服强度很少增加，而塑性和韧性却显著下降。所以，在生产中使用最多的是 ZG230-450、ZG270-500 和 ZG310-570 三种，见表 1.5。

表 1.5　常见碳素铸钢的成分、力学性能及其用途

钢号	化学成分			力学性能					应用举例
	C	Mn	Si	R_{eL}	R_m	A	Z	a_k	
ZG200-400	0.20	0.80	0.50	200	400	25	40	600	机座、变速器壳
ZG230-450	0.30	0.90	0.50	230	450	22	32	450	机座、锤轮、箱体
ZG270-500	0.40	0.90	0.50	270	500	18	25	350	飞轮、机架、蒸汽锤、水压机、工作缸、横梁
ZG310-570	0.50	0.90	0.60	310	570	15	21	300	联轴器、气缸、齿轮、齿轮圈
ZG340-640	0.60	0.90	0.60	340	640	10	18	200	起重运输机中齿轮、联轴器等

（5）铸铁的牌号、性能及用途

铸铁是碳质量分数大于 2.11%，并含有较多 Si、Mn、S、P 等元素的铁碳合金。铸铁的生产工艺和生产设备简单，价格便宜，具有许多优良的使用性能和工艺性能，所以应用非常广泛，是工程上最常用的金属材料之一。

铸铁按照碳存在的形式可以分为白口铸铁、灰铸铁和麻口铸铁，按铸铁中石墨的形态可以分为灰铸铁（表 1.6）、可锻铸铁、球墨铸铁和蠕墨铸铁。

表 1.6　常见灰铸铁的牌号及其用途

牌号	铸件壁厚/mm	力学性能		用途举例
		R_m/MPa	HBW	
HT100	2.5～10	130	110～166	适用于载荷小，对摩擦和磨损无特殊要求不重要的零件，如防护罩、盖、油底壳、手轮、支架、底板和重锤等
	10～20	100	93～140	
	20～30	90	87～131	
HT150	2.5～10	175	137～205	适用于承受中等载荷的零件，如机座、支架、箱体、刀架、床身、轴承座、工作台、带轮、阀体、飞轮和电动机座等
	10～20	145	119～179	
	20～30	130	110～166	
HT200	2.5～10	220	157～236	适用于承受较大载荷和要求一定气密性或耐蚀性等较重要的零件，如气缸、齿轮、机座、飞轮、床身、气缸体、活塞、齿轮箱、制动轮、联轴器盘、中等压力阀体、泵体、液压缸和阀门等
	10～20	195	148～222	
	20～30	170	134～200	
HT250	4.0～10	270	175～262	
	10～20	240	164～247	
	20～30	220	157～236	
HT300	10～20	290	182～272	适用于承受高载荷、耐磨和高气密性的重要零件，如重型机床，剪床，压力机，自动机床的床身、机座、机架、高压液压件、活塞环、齿轮、凸轮、车床卡盘、衬套，大型发动机的气缸体、缸套、气缸盖等
	20～30	250	168～251	
	30～50	230	161～241	
HT350	10～20	340	199～298	
	20～30	290+	182～272	
	30～50	260	171～257	

【任务实施】

轴类零件材料常用45钢，精度较高的轴可选用40Cr、轴承钢GCr15、弹簧钢65Mn，也可选用球墨铸铁；对高速、重载的轴，选用20Mn2B、20Cr等低碳合金钢或38CrMoAl氮化钢。

45钢是轴类零件的常用材料，它价格便宜经过调质（或正火）后，可得到较好的切削性能，而且能获得较高的强度和韧性等综合力学性能，淬火后表面硬度可达45～52HRC。

40Cr等合金结构钢适用于中等精度而转速较高的轴类零件，这类钢经调质和淬火后，具有较好的综合力学性能。

轴承钢GCr15和弹簧钢65Mn，经调质和表面高频淬火后，表面硬度可达50～58HRC，并具有较高的耐疲劳性能和较好的耐磨性能，可制造较高精度的轴。

精密机床的主轴（例如磨床砂轮轴、坐标镗床主轴）可选用38CrMoAlA氮化钢。这种钢经调质和表面氮化后，不仅能获得很高的表面硬度，而且能保持较软的芯部，因此耐冲击韧性好。与渗碳淬火钢比较，它有热处理变形很小，硬度更高的特性。

图1.1是减速器传动轴，属于一般传动轴，选45钢满足使用要求。该传动轴整体采用调质处理，若齿轮位、轴承位要求耐磨性较好，也可采用局部高频淬火。

【归纳总结】

使学生掌握正确选用零件材料和热处理的方法。

【任务评价】

任务以学习为主，主要检验学生对金属材料力学性能的理解程度。

项　　目	得　　分	备　　注
实习纪律		30分
基本术语		10分
合理选择材料		30分
合理选择热处理		30分

复习思考题

1. 什么是生产过程？什么是机械加工工艺过程？

2. 什么是工序、安装、工位、工步、走刀？

3. 何谓生产纲领？生产类型分为几类？

4. 什么是机械加工工艺规程？制订机械加工工艺规程的基本原则是什么？

5. 毛坯通常分为几类？各类毛坯的特点是什么？

6. 举例说明粗、精基准的选择原则。

7. 试说明安排机械加工工序顺序的原则。

8. 常用量具的种类有哪些？

9. 简述游标卡尺的种类、适用场合、精度。

10. 简述卡尺的使用方法。

11. 使用游标千分尺的注意事项有哪些？

12. 金属材料的机械性能指标有哪些？

13. 常用金属材料的种类有哪些？主要特点分别是什么？

项目2　钳工实训

【教学目标】

◎知识目标

通过本项目的训练，使学生了解钳工在机械制造和维修中的作用。了解钳工应完成的工作内容，了解钳工使用工具的工作原理和正确使用方法，了解钳工工作的安全操作。

◎技能目标

通过本项目的训练，使学生能掌握划线、锯削、锉削、钻孔、攻螺纹和套螺纹的方法，熟悉台式钻床的操作和调整，掌握钳工常用工具、量具和夹具的正确使用方法，手工独立完成鸭嘴榔头的制作。

◎情感与态度目标

培养学生的表达、沟通能力和团队协作精神，培养学生的安全生产意识、效率意识及环保意识，培养学生的创新能力、自我发展能力，培养学生吃苦耐劳的精神，培养学生爱岗敬业的工作作风。

【项目分析】

根据项目目标，涉及内容较多，具体实施分为六个任务完成，具体如下：

任务1：钳工基本知识；

任务2：轴承座划线；

任务3：榔头锯削；

任务4：榔头锉削；

任务5：锉配四方体图；

任务6：榔头螺纹孔加工。

【项目实施】

任务1：钳工基本知识

图2.1所示为钳工实习产品鸭嘴榔头，通过讲授各种表面的钳工制作方法和所用设备，认识钳工的工作范围和常用工具。

【任务引入】

机械产品的制造、使用和维护中离不开钳工，了解钳工的工作范围和使用工具，是机械工程师必备的知识。

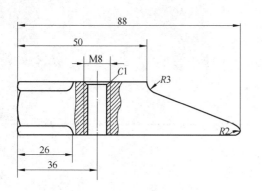
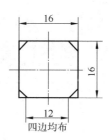

四边均布

图2.1　钳工实习产品鸭嘴榔头

【任务分析】

本任务是认识钳工的工作范围，认识钳工的加工特点和加工工具。

【相关知识】

1. 钳工概述

钳工基本操作包括划线、錾削、锯削、锉削、钻孔、扩孔、锪孔、铰孔、攻螺纹、套螺纹、装配、刮削、研磨、矫正和弯曲、铆接、粘接、测量以及做标记等。

钳工的工作范围主要如下：

（1）用钳工工具进行修配及小批量零件的加工。

（2）精度较高的样板及模具的制作。

（3）整机产品的装配和调试。

（4）机器设备（或产品）使用中的调试和维修。

2. 钳工的加工特点

钳工是一个技术工艺比较复杂、加工程序细致和工艺要求高的工种。它具有使用工具简单、加工多样灵活、操纵方便和适应面广等特点。目前虽然有各种先进的加工方法，但很多工作仍然需要钳工来完成，钳工在保证产品质量中起重要作用。

3. 钳工常用的设备和工具

钳工常用的设备有钳工工作台、台虎钳、砂轮机、钻床和手电钻等。常用的手用工具有划针盘、錾子、手锯、锉刀、刮刀、扳手、螺钉旋具和锤子等。

（1）钳工工作台

钳工工作台简称为钳台，用于安装台虎钳，进行钳工操作。有单人使用和多人使用的两种，用硬质木材或钢材做成。工作台要求平稳、结实，台面高度一般以装上台虎钳后钳口高度恰好与人手肘齐平为宜，如图2.2所示。

（2）台虎钳

台虎钳是钳工最常用的一种夹持工具。錾切、锯削、锉削以及许多其他钳工操作都是在台虎钳上进行的。钳工常用的台虎钳有固定式和回转式两种。图2.3所示为回转式台虎钳的结构图。台虎钳主体是用铸铁制成的，由固定部分和活动部分组成。台虎钳固定部分由转盘锁紧螺钉固定在转盘座上，转盘座内装有夹紧盘，放松转盘夹紧手柄，固定部分就可以在转盘座上转动，以变更台虎钳方向。转盘座用螺钉固定在钳工工作台上。连接手柄的螺杆穿过活动部分旋入固定部分上的螺母内。扳动手柄使螺杆从螺母中旋出或旋进，从而带动活动部分移动，使钳口张开或合拢，以放松或夹紧零件。

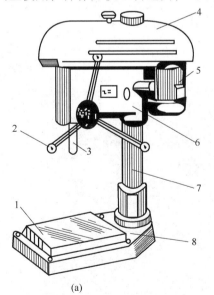

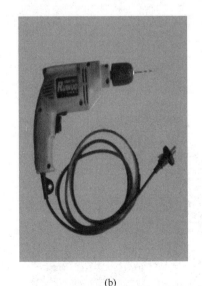

图 2.2　钳工工作台

图 2.3　回转式台虎钳的结构图

　　为了延长台虎钳的使用寿命，台虎钳上端咬口处用螺钉紧固着两块经过淬硬的钢质钳口。钳口的工作面上有斜形齿纹，使零件夹紧时不致滑动。当夹持零件的精加工表面时，应在钳口和零件间垫上纯铜皮或铝皮等软材料制成的护口片（俗称为软钳口），以免夹坏零件表面。

　　台虎钳规格以钳口的宽度来表示，一般为 100～150mm。

　　（3）钻床

　　钻床是用于孔加工的一种机械设备，它的规格用可加工孔的最大直径表示，其品种、规格颇多。其中最常用的是台式钻床（台钻），如图 2.4a 所示。这类钻床小型轻便，安装在台面上使用，操作方便且转速高，适于加工中、小型零件上直径在 16mm 以下的小孔。

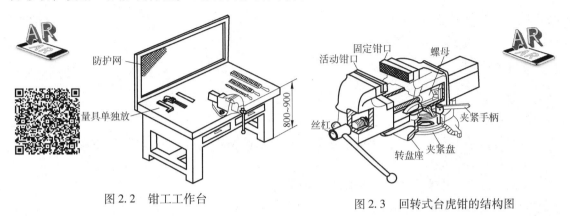

(a)

(b)

图 2.4　孔加工设备

（a）台式钻床；（b）手电钻

1—工作台；2—进给手柄；3—主轴；4—带罩；5—电动机；6—主轴架；7—立柱；8—机座

（4）手电钻

图 2.4b 所示为手电钻的外形图。主要用于钻直径 12mm 以下的孔。常用于不便使用钻床钻孔的场合。手电钻的电源有单相（220V、36V）和三相（380V）两种。根据用电安全条例，手电钻额定电压只允许36V。手电钻携带方便，操作简单，使用灵活，应用较广泛。

【任务实施】

1. 基本概念

1）定义

钳工是以手工操作为主，使用各种工具及设备来完成零件的加工、装配和修理等工作。

2）特点

劳动强度大、生产率低，工具简单、操作灵活。

3）工作范围

划线、錾削、锯削、锉削、钻孔、扩孔、铰孔、锪孔、攻螺纹、套螺纹、刮削、研磨、装配和修理等。

通过对钳工实习场地参观介绍加深印象。

2. 钳工工具

钳工常用的设备有钳工工作台、台虎钳、砂轮机、台式钻床和手枪电钻等，以及一些测量工具。

1）钳工工作台

图 2.5 所示为钳工工作台实体图，台上有台虎钳、三角尺、锯弓和平锉等。

2）砂轮机

图 2.6 所示为钳工砂轮机，示范开、停机，打磨零件飞边。

图 2.5　钳工工作台实体图　　　　图 2.6　钳工砂轮机

3）台钻及手电钻

图 2.4b 所示为手电钻，图 2.7 所示为台钻。

3. 测量工具

图 2.8 所示为游标卡尺和外径千分尺。

通过对钳工实习场地的参观，了解钳工的工作内容和常用工具及使用方法。

图 2.7 台钻

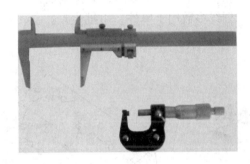

图 2.8 游标卡尺和外径千分尺

【归纳总结】

本任务主要是认识钳工的作用和常用基本工具。

【任务评价】

本任务以认知为主，主要检验学生对钳工作用的理解程度和常用工具的认识程度。

项　目	得　分	备　注
实习纪律		30 分
钳工工作范围		30 分
钳工工具		40 分

任务2：轴承座划线

图 2.9 所示为某轴承座的零件图，零件加工用划线找正安装。本任务用划线实现找正安装。

【任务引入】

机械产品制造中有三种安装方法：直接找正安装、划线找正安装和夹具安装。单件小批生产中形状比较复杂的零件加工前，由钳工划线。

【任务分析】

本任务是认识划线的作用；了解钳工划线的工具；通过对轴承座的划线，掌握钳工划线的正确方法。

【相关知识】

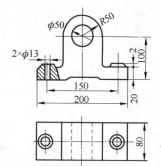

图 2.9　某轴承座的零件图

1. 基本概念

根据图样要求在毛坯或半成品上划出加工图形、加工界线或加工时找正用的辅助线称为划线。划线分为平面划线和立体划线两种，如图 2.10 所示，平面划线是在零件的一个平面或几个互相平行的平面上划线，立体划线是在工作的几个互相垂直或倾斜平面上划线。

划线多数用于单件、小批生产，新产品试制和工具、夹具、模具制造。划线的精度较低；用划针划线的精度为 0.25 ~ 0.5mm，用高度尺划线的精度为 0.1mm 左右。

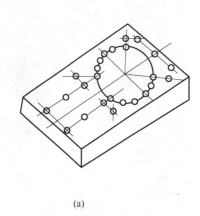

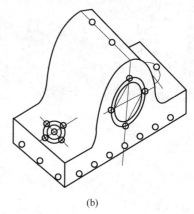

(a) (b)

图 2.10　划线的种类

（a）平面划线；（b）立体划线

2. 划线的目的

（1）划出清晰的尺寸界线以及尺寸与基准间的相互关系，既便于零件在机床上找正、定位，又使机械加工有明确的标志。

（2）检查毛坯的形状与尺寸，及时发现和剔除不合格的毛坯。

（3）通过对加工余量的合理调整分配（即划线"借料"的方法），使零件加工符合要求。

3. 划线工具

（1）划线平台

划线平台又称为划线平板，用铸铁制成，它的上平面经过精刨或刮削，是划线的基准平面。

（2）划针、划针盘与划规

划针是在零件上直接划出线条的工具。如图 2.11 所示，由工具钢淬硬后将尖端磨锐或焊上硬质合金尖头。弯头划针可用于直线划针划不到的地方和找正零件。使用划针划线时必须使针尖紧贴钢直尺或样板。

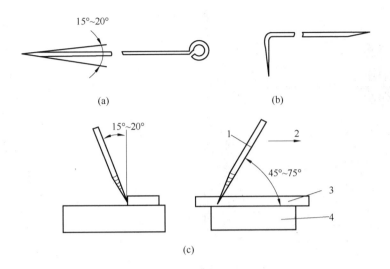

图 2.11　划针

（a）直头划针；（b）弯头划针；（c）划针划线

1—划针；2—划线方向；3—钢直尺；4—零件

划针盘如图 2.12 所示，它的直针尖端焊上硬质合金，用来划与针盘平行的直线。另一端弯头针尖用来找正零件用。

常用划规如图 2.13 所示，它适合在毛坯或半成品上划圆。

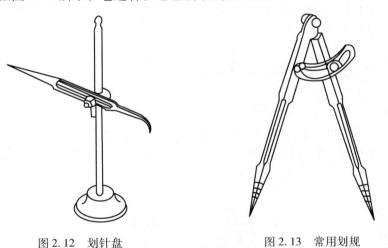

图 2.12　划针盘　　　　　　　　图 2.13　常用划规

（3）量高尺、高度游标尺与直角尺

1）量高尺

如图 2.14 所示，量高尺是用来校核划针盘划针高度的量具，其上的钢直尺零线紧贴平台。

2）高度游标尺

如图 2.15 所示，高度游标尺实际上是量高尺与划针盘的组合。划线脚与游标连成一体，前端镶有硬质合金，一般用于已加工面的划线。

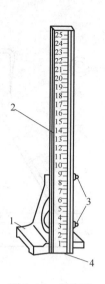

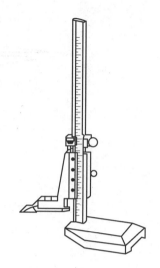

图 2.14　量高尺

图 2.15　高度游标尺

1—底座；2—钢直尺；3—锁紧螺钉；4—零线

3）直角尺（90°角尺）简称为角尺

它的两个工作面经精磨或研磨后成精确的直角。90°角尺既是划线工具又是精密量具。90°角尺有扁90°角尺和宽座90°角尺两种。前者用于平面划线中在没有基准面的零件上划垂直线，如图 2.16a 所示；后者用于立体划线中，用它靠住零件基准面划垂直线，如图 2.16b 所示，或用它找正零件的垂直线或垂直面。

（4）支承用的工具和样冲

1）方箱

如图 2.17 所示，方箱是用灰铸铁制成的空心长方体或立方体，它的六个面均经过精加工，相对的平面互相平行，相邻的平面互相垂直。方箱用于支承划线的零件。

2）V 形铁

如图 2.18 所示，V 形铁主要用于安放轴和套筒等圆形零件，一般 V 形铁都是两块一副，即平面与 V 形槽是在一次安装中加工的，V 形槽夹角为 90°或 120°。V 形铁也可当作方箱使用。

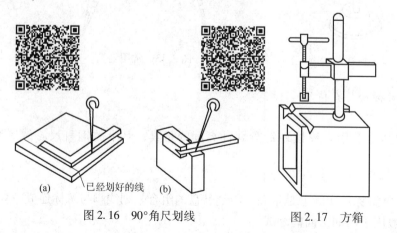

图 2.16　90°角尺划线

图 2.17　方箱

图 2.18　V 形铁

3）千斤顶

如图2.19所示，千斤顶常用于支承毛坯或形状复杂的大零件划线。使用时，三个一组顶起零件，调整顶杆的高度便能方便地找正零件。

4）样冲

如图2.20所示，样冲用工具钢制成并经淬硬。样冲用于划好的线条上打出小而均匀的样冲眼，以免零件上已划好的线在搬运、装夹过程中因碰、擦而模糊不清，影响加工。

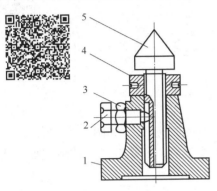

图2.19 千斤顶

1—底座；2—导向螺钉；3—锁紧螺母；4—圆螺母；5—顶杆

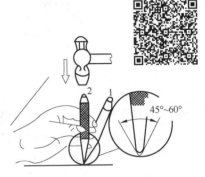

图2.20 样冲及使用

1—对准位置；2—打样冲眼

4. 划线方法与步骤

（1）平面划线方法与步骤

平面划线的实质是平面几何作图问题。平面划线是用划线工具将图样按实物大小1:1划到零件上去的。

1）根据图样要求，选定划线基准。

2）对零件进行划线前的准备（清理、检查、涂色，在零件孔中装中心塞块等）。在零件上划线部位涂上一层薄而均匀的涂料（即涂色），使划出的线条清晰可见。零件不同，涂料也不同。一般在铸、锻毛坯件上涂石灰水，小的毛坯件上也可以涂粉笔，钢铁半成品上一般涂龙胆紫（也称为"兰油"）或硫酸铜溶液，铝、铜等有色金属半成品上涂龙胆紫或墨汁。

3）划出加工界线（直线、圆及连接圆弧）。

4）在划出的线上打样冲眼。

（2）立体划线方法与步骤

立体划线是平面划线的复合运用。它和平面划线有许多相同之处，如划线基准一经确定，其后的划线步骤大致相同。它们的不同之处在于一般平面划线应选择两个基准，而立体划线要选择三个基准。

【任务实施】

下面以图2.9所示轴承座为例，说明立体划线的步骤和操作。

（1）分析图样，检查毛坯是否合格，确定划线基准。轴承座孔为重要孔，应以该孔中心线为划线基准，以保证加工时孔壁均匀，如图2.9所示。

（2）清除毛坯上的氧化皮和飞边。在划线表面涂上一层薄而均匀的涂料，毛坯用石灰水为涂料，已加工表面用紫色涂料或绿色涂料。

（3）支承、找正工件。用三个千斤顶支承工件底面，并依孔中心及上平面调节千斤顶，使工件水平，如图 2.21 所示。

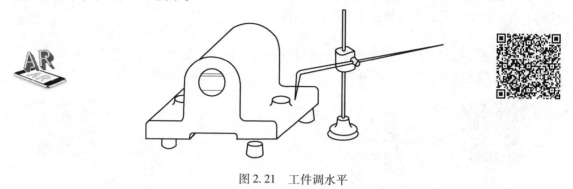

图 2.21　工件调水平

（4）划出各水平线。划出基准线及轴承座底面四周的加工线，如图 2.22 所示。

（5）将工件翻转 90°并用 90°角尺在两个方向上找正后，划螺钉孔线及两端加工线，如图 2.23 所示。

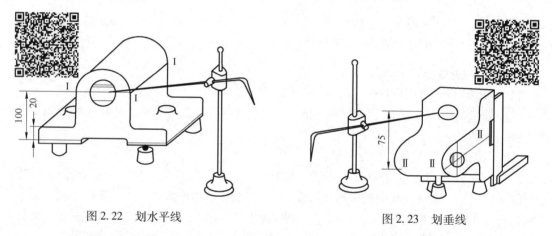

图 2.22　划水平线

图 2.23　划垂线

（6）将工件翻转 90°并用 90°角尺在两个方向上找正后，划大端加工线，如图 2.24 所示。

检查划线是否正确后，打样冲眼，如图 2.25 所示。

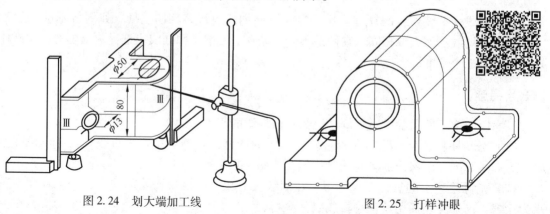

图 2.24　划大端加工线

图 2.25　打样冲眼

划线时，同一面上的线条应在一次支承中划全，避免补划时因再次调节支承产生误差。

【归纳总结】

1. 划线找正安装是复杂零件单件小批生产中非常重要的一种方法，关键是划线位置正确、清晰。

2. 通过此任务的完成，掌握正确的划线方法，掌握划线工具的正确使用方法。

【任务评价】

本任务以掌握划线技能为主，主要检验学生正确使用划线工具，掌握正确的划线方法。

项　目	得　分	备　注
实习纪律		30 分
划线工具		10 分
划线方法		15 分
各处加工余量是否均匀、对称		共有三处加工，每处 15 分，共 45 分

任务3: 榔头锯削

图 2.1 所示为钳工实习产品鸭嘴榔头，本任务完成下料（16mm×16mm×90mm）和大斜面的锯削，完成任务前，练习锯削圆钢、圆管、扁钢和窄缝。

【任务引入】

锯削是钳工的基本操作之一，是钳工的基本功。

【任务分析】

本任务是认识锯削的工具；通过具体任务实施，掌握钳工锯削的正确方法。

【相关知识】

用手锯把原材料和零件割开，或在其上锯出沟槽的操作叫作锯削。

1. 手锯

手锯由锯弓和锯条组成。

（1）锯弓

锯弓有固定式和可调式两种，如图 2.26 所示。

 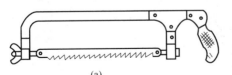 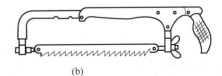

(a)　　　　　　　　　　　　　　　(b)

图 2.26　手锯

（a）固定式锯弓；（b）可调式锯弓

（2）锯条

锯条一般用工具钢或合金钢制成，并经淬火和低温回火处理。锯条规格用锯条两端安装孔之间距离表示，并按锯齿齿距分为粗齿、中齿和细齿三种。粗齿锯条适用锯削软材料和截面较大的零件，细齿锯条适用于锯削硬材料和薄壁零件。锯齿在制造时按一定的规律错开排列形成锯路。

2. 锯削操作要领

1）锯条安装

当安装锯条时，锯齿方向必须朝前，如图 2.27 所示，锯条绷紧程度要适当。

2）握锯及锯削操作

一般握锯方法是右手握稳锯柄，左手轻扶弓架前端。锯削时站立位置如图 2.27 所示。锯削时推力和压力由右手控制，左手压力不要过大，主要应配合右手扶正锯弓，锯弓向前推出时加压力，回程时不加压力，在零件上轻轻滑过。锯削往复运动速度应控制在 40 次/min 左右。

锯削时最好使锯条全部长度参加切削，一般锯弓的往返长度不应小于锯条长度的 2/3。

3）起锯

锯条开始切入零件称为起锯。起锯方式有近起锯（图 2.28a）和远起锯（图 2.28b）。起锯时要用左手拇指指甲挡住锯条，起锯角约为 15°，锯弓往复行程要短，压力要轻，锯条要与零件表面垂直，当起锯到槽深 2～3mm 时，起锯可结束，应逐渐将锯弓改至水平方向进行正常锯削。

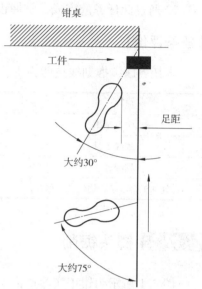

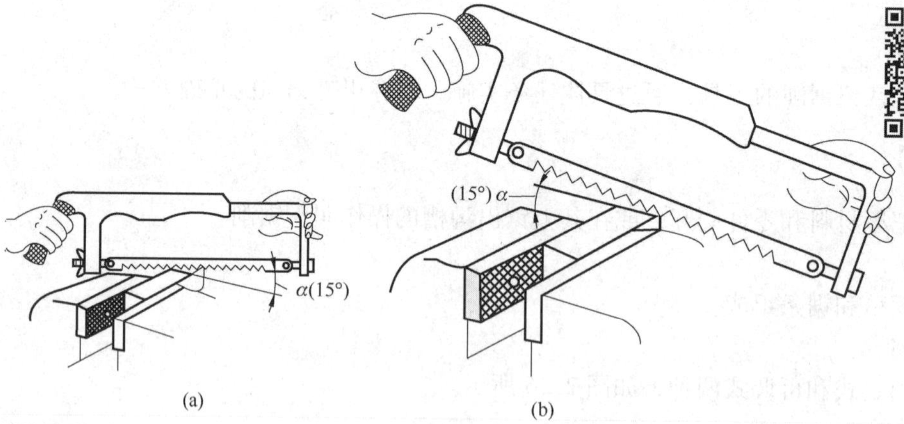

图 2.27　锯削时站立位置

图 2.28　起锯

（a）近起锯；（b）远起锯

【任务实施】

本任务实施分为两步进行，首先掌握各种典型表面的锯削方法，并练习，再锯削钳工产品的毛坯。

1. 典型表面的锯削方法

（1）锯削圆钢

若断面要求较高，应从起锯开始由一个方向锯到结束；若断面要求不高，则可以从几个方向起锯，使锯削面变小，容易锯入，工作效率高。

（2）管子的锯切

一般情况下，钢管壁较薄，因此，锯管子时应选用细齿锯条。一般不采用一锯到底的方法，而是当管壁锯透后随即将管子沿着推锯方向转动一个适当的角度，再继续锯削，依次转动，直至将管子锯断，如图2.29所示。这样，一方面可以保持较长的锯削缝口，效率提高；另一方面也能防止因锯缝卡住锯条或管壁钩住锯齿而造成锯条损伤，消除因锯条跳动所造成的锯割表面不平整的现象。对于已精加工过的管件，为防止装夹变形，应将管件夹在有V形槽的两块木板之间。

（3）锯削扁钢

为了得到整齐的锯缝，应从扁钢较宽的面下锯，这样锯缝较浅，锯条不致卡住，如图2.30所示。

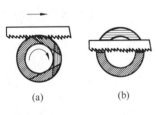

(a)　　　　　(b)

图2.29　锯削圆钢

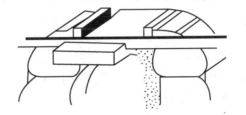

图2.30　锯削扁钢

（4）锯削窄缝

当锯削窄缝时，应将锯条转90°安装，平放锯弓推锯，如图2.31所示。

（5）锯削型钢

角钢和槽钢的锯法与锯扁钢基本相同，但工件应不断改变夹持位置。

（6）锯削步骤

1）选择锯条

如图2.32所示，根据不同材料、不同尺寸合理选择锯条。

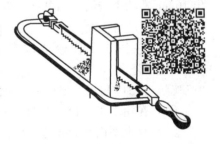

图2.31　锯削窄缝

图2.32　锯条

2）装夹锯条

图2.33所示为锯条安装，应保证松紧适中。

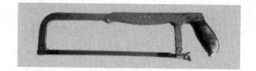

图 2.33　锯条安装

3）装夹工件

如图 2.34 所示，在钳工工作台上用平口虎钳安装工件。

4）锯削榔头毛坯

如图 2.35 所示，远端起锯示意图。

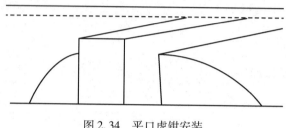

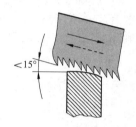

图 2.34　平口虎钳安装　　　　图 2.35　远端起锯

锯削注意事项如下：

（1）快锯断时用力要轻，以免碰伤手和折断锯条。

（2）锯削方法如图 2.36 所示。

2. 榔头下料

（1）用 16mm 的钢板，在钳工平台上，用高度尺划出 16mm 宽的平行线。如果有一边是平直的，用高度尺划出 16mm 高的等高线。

（2）在钳工工作台上按图 2.30 所示装夹，锯削 16mm 宽毛坯。

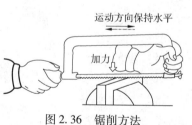

图 2.36　锯削方法

（3）用 90°角尺、划针和米尺划出与 16mm 宽平行线垂直的间距为 90mm 的平行线。

（4）在钳工工作台上按图 2.30 所示装夹，锯削 90mm 长毛坯。

（5）在上平面 51mm 处和与它垂直的平面上，用高度尺划线，再用米尺和划针画出大斜面。

（6）在钳工工作台上，锯削大斜面。

【归纳总结】

通过任务的实施，认识锯削的作用和工具，掌握正确的锯削方法。

【任务评价】

本任务以掌握锯削技能为主，主要检验学生正确使用锯削工具，掌握正确的锯削方法。

项　目	得　分	备　注
实习纪律		30 分
锯削工具		10 分
锯削方法		10 分
各处是否平直，与划线的偏差		共有五处加工，每处 10 分，共 50 分

任务4：榔头锉削

图 2.1 所示为钳工实习产品鸭嘴榔头，本任务完成榔头制作的锉削任务。

【任务引入】

锉削是钳工的基本操作之一，是钳工的基本功。

【任务分析】

本课题的任务是认识锉削的工具；通过具体任务的实施，掌握钳工锉削的正确姿态和方法。

【相关知识】

用锉刀从零件表面锉掉多余的金属，使零件达到图样要求的尺寸、形状和表面粗糙度的操作叫作锉削。锉削加工范围包括平面、台阶面、角度面、曲面、沟槽和各种形状的孔等。

1. 锉刀

锉刀是锉削的主要工具，锉刀用高碳钢（T12、T13）制成，并经热处理淬硬至 62 ~ 67HRC。锉刀的构造及各部分名称如图 2.37 所示。

锉刀分类如下：

（1）按锉齿的大小分为粗齿锉、中齿锉、细齿锉和油光锉等。

（2）按齿纹分为单齿纹和双齿纹。单齿纹锉刀的齿纹只有一个方向，与锉刀中心线成 70°，一般用于锉软金属，如铜、锡和铅等。双齿纹锉刀的齿纹有两个互相交错的排列方向，先剁上去的齿纹叫作底齿纹，后剁上去的齿纹叫作面齿纹。底齿纹与锉刀中心线成 45°，齿纹间距较疏；面齿纹与锉刀中心线成 65°，间距较密。由于底齿纹和面齿纹的角度不同，间距疏密不同，所以，锉削时锉痕不重叠，锉出来的表面平整而且光滑。

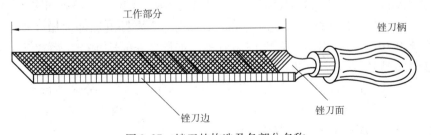

图 2.37　锉刀的构造及各部分名称

（3）按断面形状（图 2.38a）可分成：扁锉（平锉），用于锉平面、外圆面和凸圆弧面；方锉，用于锉平面和方孔；三角锉，用于锉平面、方孔及 60°以上的锐角；圆锉，用于锉圆和内弧面；半圆锉，用于锉平面、内弧面和大的圆孔。图 2.38b 所示为特种锉刀，用于加工各种零件的特殊表面。

另外，由多把各种形状的特种锉刀所组成的"什锦"锉刀，用于修锉小型零件及模具上难以机械加工的部位。普通锉刀的规格一般是用锉刀的长度、齿纹类别和锉刀断面形状表示的。

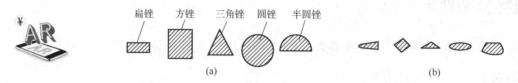

图 2.38　锉刀断面形状
（a）普通锉刀断面形状；（b）特种锉刀断面形状

2. 锉削操作要领

1）握锉

锉刀的种类较多，规格、大小不一，使用场合也不同，故锉刀握法也应随之改变。图 2.39a 所示为大锉刀的握法。图 2.39b 所示为中、小锉刀的握法。

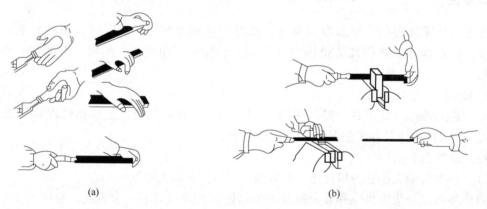

图 2.39　握锉
（a）大锉刀的握法；（b）中、小锉刀的握法

2）锉削姿势

锉削时人的站立位置与锯削相似，如图 2.27 所示。锉削操作姿势如图 2.40 所示，身体重量放在左脚，右膝要伸直，双脚始终站稳不移动，靠左膝的屈伸而做往复运动。开始时，身体向前倾斜 10°左右，右肘尽可能向后收缩，如图 2.40a 所示。在最初三分之一行程时，身体逐渐前倾至 15°左右，左膝稍弯曲，如图 2.40b 所示。其次三分之一行程，右肘向前推进，同时身体也逐渐前倾到 18°左右，如图 2.40c 所示。最后三分之一行程，用右手腕将锉刀推进，身体随锉刀向前推的同时自然后退到 15°左右的位置上，如图 2.40d 所示，锉削行程结束后，把锉刀略提起一些，身体姿势恢复到起始位置。

在锉削过程中，两手用力也时刻在变化。开始时，左手压力大推力小，右手压力小推力大。随着推锉过程，左手压力逐渐减小，右手压力逐渐增大。锉刀回程时不加压力，以减少锉齿的磨损。锉刀往复运动速度一般为 30~40 次/min，推出时慢，回程时可快些。

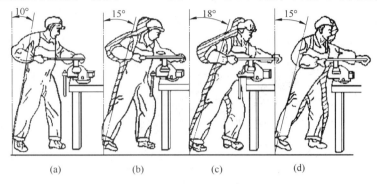

图 2.40　锉削操作姿势

【任务实施】

本任务实施分为两步进行，首先掌握各种典型表面的锉削方法并练习，再锉削钳工产品的毛坯。

1. 典型表面锉削

（1）平面锉削

锉削平面的方法有三种。顺向锉法如图 2.41a 所示。交叉锉法如图 2.41b 所示。推锉法如图 2.41c 所示。当锉削平面时，锉刀要按一定方向进行锉削，并在锉削回程时稍作平移，这样逐步将整个面锉平。

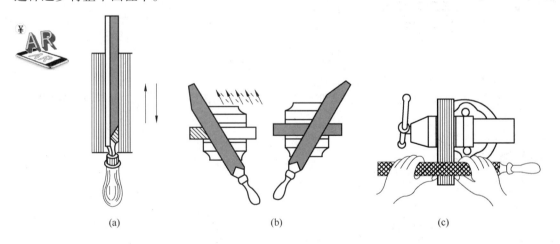

图 2.41　平面锉削方法
（a）顺向锉法；（b）交叉锉法；（c）推锉法

（2）弧面锉削

外圆弧面一般可采用平锉进行锉削，常用的锉削方法有两种。顺锉法如图 2.42a 所示，

是横着圆弧方向锉，可锉成接近圆弧的多棱形（适用于曲面的粗加工）。滚锉法如图 2.42b 所示，锉刀向前锉削时右手下压，左手随着上提，使锉刀在零件圆弧上转动。

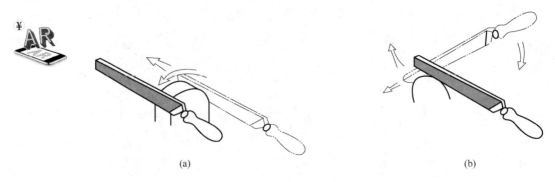

(a)   (b)

图 2.42　圆弧面锉削方法
（a）顺锉法；（b）滚锉法

（3）检验工具及其使用

检验工具有刀口形直尺、90°角尺和游标角度尺等。刀口形直尺、90°角尺可检验零件的直线度、平面度及垂直度。下面介绍用刀口形直尺检验零件平面度的方法：

1）将刀口形直尺垂直紧靠在零件表面，并在纵向、横向和对角线方向逐次检查，如图 2.43 所示。

2）检验时，如果刀口形直尺与零件平面透光微弱而均匀，则该零件平面度合格；如果透光强弱不一，则说明该零件平面凹凸不平。可在刀口形直尺与零件紧靠处用塞尺插入，根据塞尺的厚度即可确定平面度的误差，如图 2.44 所示。

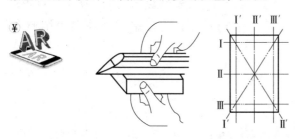

图 2.43　用刀口形直尺检验平面度图　　　　图 2.44　用塞尺测量平面度误差值

（4）锉削练习

1）锉刀的握法

如图 2.45 所示，练习锉刀的握法。

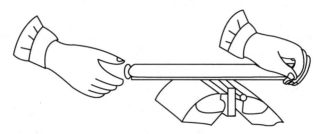

图 2.45　锉刀的握法

2）锉削力的运用

按图 2.46 所示练习用力。

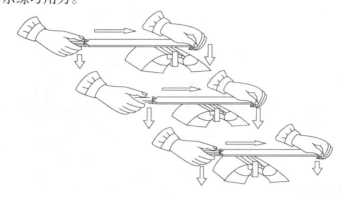

图 2.46　锉削力的运用

3）锉削方式

图 2.47 所示为顺向锉法 a、交叉锉法 b 和推锉法 c。

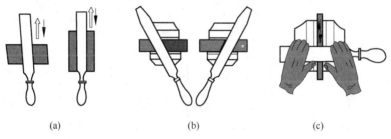

图 2.47　三种锉削方法
（a）顺向锉法；（b）交叉锉法；（c）推挫法

4）检验方法

按图 2.48 所示检验。

2. 鸭嘴榔头锉削

1）按图 2.41 所示锉削方法，锉削六个面，用刀口形直尺检验平直度，用 90°角尺检验垂直度，用游标卡尺检测尺寸。

2）按 1）的方法，锉削四个角和大斜面。

3）按图 2.42 所示锉削方法，锉削圆弧，用钳工圆弧靠模检验。

4）反复 2）、3）两步骤使直线与圆弧过渡平缓。

图 2.48　检验方法

【归纳总结】

通过任务实施，认识锉削的作用和工具，掌握正确的锉削方法。

【任务评价】

本任务以掌握锉削技能为主，主要检验学生是否掌握正确使用锉削工具，掌握正确的锉削方法。

项　目	得　分	备　注
实习纪律		30 分
锉削工具		8 分
锉削方法		10 分
平面锉削		共有 11 处加工，每处 2 分，共 22 分
圆弧锉削		两处圆弧，形状和尺寸每处 10 分，共 20 分
操作安全		10 分

任务 5：锉配四方体图

图 2.49 所示为钳工实习制作的四方锉配件零件图，本任务完成锉配任务。

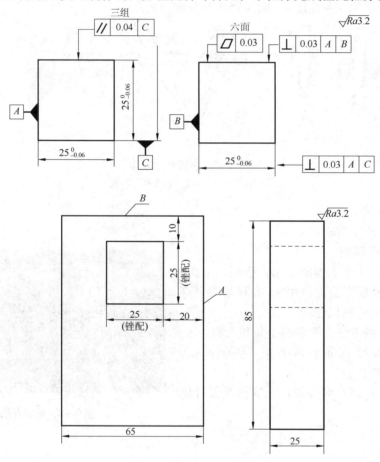

图 2.49　钳工实习制作的四方锉配件零件图

【任务引入】

锉配是钳工的高级操作技能之一，要在较扎实的钳工基本功基础上，才能完成。

【任务分析】

本课题的任务是培养实际操作技能；在掌握钳工锉削的正确姿态和方法基础上，分析图样，了解技术要求，加工件满足技术要求才能完成任务。

【相关知识】

1. 对称度概念

（1）对称度误差是指被测表面的对称平面与基准表面的对称平面间的最大偏移距离 Δ，如图 2.50 所示。

（2）对称度公差带是相对基准中心平面对称配置的两个平行平面之间的区域，如图 2.51 所示的公差值 t。

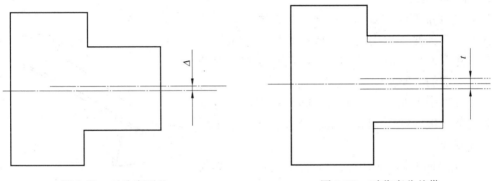

图 2.50　对称度误差　　　　　　　　　图 2.51　对称度公差带

2. 对称度的测量

（1）对称度测量方法。测量被测表面与基准表面的尺寸 A 和 B，其差值之半即为对称度误差值，如图 2.52 所示。

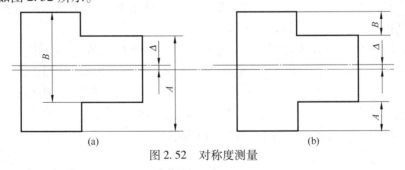

（a）　　　　　　　　　　　　　　　　　　　　（b）

图 2.52　对称度测量

（2）对称形体工件的划线　对于平面对称工件的划线，应在形成对称中心平面的两个基准面精加工后进行。划线基准与该两基准面重合，划线尺寸则按两个对称基准平面间的实际尺寸及对称形体的要求尺寸计算得出。

（3）对称度误差对转位互换精度的影响按图 2.53 说明如下：当凹件、凸件都有数值为 0.05mm 的对称度误差，且在一个同方向位置配合达到间隙要求后，得到两侧面平齐，而转位 180° 做配合，就产生两基准面偏位误差，其总值为 0.10mm。

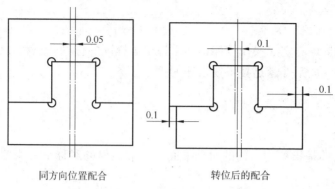

同方向位置配合　　　　　转位后的配合

图 2.53　对称度误差对转位的精度影响

3. 四方体锉配方法

（1）先锉准外四方体，后配锉内四方体。当内四方体锉配时，为便于控制尺寸，应按图样要求选择有关的垂直外形面作为测量基准，锉配前必须首先保证所选定基准面的必要精度。

加工过程中内四方体各表面之间的垂直度，可采用自制量角样板（图 2.54）检验，此样板还可用于检查内表面直线度。

（2）在内四方体锉削中，为获得内棱清角，必须修磨好锉刀边，锉削时应使锉刀略小于 90°，一边紧靠内棱角进行直锉。

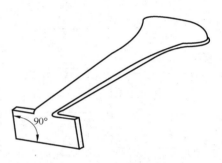

图 2.54　自制量角样板

4. 四方体的形体误差对锉配的影响

（1）当四方体各边尺寸出现误差，如配合面的一处加工为 25mm，另一处加工为 24.95mm，且在一个位置锉配后取得零间隙，则转位 90° 做配入修整后，配合面之间将引起间隙扩大，其值为 0.05mm（图 2.55a）。

（2）当四方体的一面有垂直度误差，且在一个位置锉配后取得零间隙，则在转位 180° 做配入修整后，产生了附加间隙 Δ，将使四方形成为"平行四边形"（图 2.55b）。

（3）当四方体有平行度误差时，在一个位置锉配后取得零间隙，则在转位 180° 做配入修整后，使四方体小尺寸一处产生配合间隙 Δ_1 和 Δ_2（图 2.55c）。

（4）当四方体有平面误差，配合后则产生喇叭口。

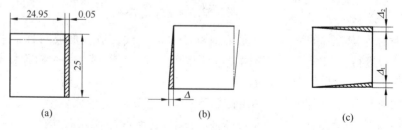

图 2.55　基准件误差对锉配精度的影响

（a）等边尺寸误差转位后的扩大间隙；（b）垂直度误差转位后的扩大间隙；（c）平行度误差转位后的扩大间隙

【任务实施】

1. 按图样要求加工四方体六个面

（1）分析零件图，该凸件为四方体，任何一面都可作为基准，可任选一面按照平面锉削的方法粗、细锉基准面，并检验平直度0.03mm，如图2.49所示。

（2）锉与基准相邻的任意一面，检验平直度0.03mm，并保证与基准面垂直度为0.03mm。

（3）锉与上述两面都垂直的两个面中的任意一面，保证平直度为0.03mm，并保证与上述加工的两个面垂直度为0.03mm。

（4）锉削已加工面对面的任意一面，保证尺寸在图样规定公差，平直度为0.03mm，与相邻两面的垂直度为0.03mm，与对面的平行度为0.04mm。

（5）重复（4）步完成另两面的锉削。

2. 锉配内四方体

锉配如图2.49所示内四方体。

（1）修整外形基准面A、B，使其互相垂直并与大平面垂直。

（2）以A、B两面为基准，按图样尺寸划线，并用加工好的四方体校核所划线条的正确性。

（3）钻排孔，用扁冲錾子沿四周錾去余料（图2.56），然后用方锉粗锉余量，每边留0.1~0.2mm作为细锉用量。

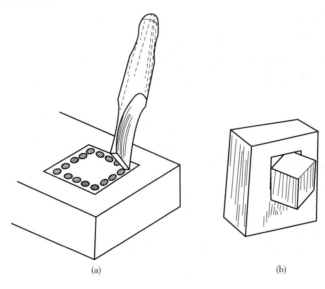

(a)   (b)

图2.56 用扁冲錾子錾去余料

（4）细锉第一面（可取靠近平行于A面的面），锉至接触划线线条。达到平面纵横平直，并与A面平行及与大平面垂直。

（5）细锉第二面（第一面的对面）。达到与第一面平行，平行面间的尺寸为25mm，可用四方体按图2.56b所示方法进行试配，使其能较紧地塞入即可，以留有修整余量。

（6）细锉第三面（靠近平行于外形基准B面的面），锉至接触划线线条，达到平面纵横平直，并与大平面垂直，以及通过测量与 B 面的平行度进行控制，最后用自制角度样板检查修整，达到与第一、二面的垂直度和清角要求。

（7）细锉第四面，达到与第三面平行，并用四方体试配，使其能较紧地塞入。

（8）精锉修整各面，即用四方体认向配锉，先用透光法检查接触部位，进行修整。当四方体塞入后采用透光和涂色相结合的方法检查接触部位，然后逐步修锉达到配合要求。最后做转位互换的修整，达到转位互换的要求，并用手将四方体推出、推进无阻滞。

（9）各锐边去飞边、倒棱。检查配合精度，最大间隙处用两片 0.1mm 的塞尺塞入对组面检查，其塞入深度不得超过 12mm，最大喇叭口用两片 0.13mm 的塞片检查，其塞入深度不得超过 4mm。

3. 注意事项

（1）配锉件的划线要准确，线条要细而清晰，两口端必须一次划出。

（2）为得到转位互换的配合精度，基准四方体的三组尺寸误差值尽可能控制在最小范围内（必须控制在配合间隙的 1/2 范围内），其垂直度、平行度误差也尽量控制在最小范围内，并且要求将尺寸公差做在上限，使锉配时有可能做微量的修正。

（3）配锉件外形基准面 A、B 的相互垂直及与大平面的垂直度，应控制在较小差值（<0.02mm），以保证在划线时的准确性和锉配时有较好的测量基准。

（4）锉配时的修锉部位，应在透光与涂色检查后再从整体情况考虑，合理确定（特别要注意四角的接触）。避免仅根据局部试配情况就进行修锉，造成配合面局部出现过大间隙。

（5）当整体试配时，四方体轴线必须垂直于配锉件的大平面，否则不能反映正确的修整部位。

（6）注意掌握内四方清角的修锉，防止修成圆角或锉坏相邻面。

（7）在试配过程中，不能用榔头敲击，退出时也不能直接用榔头和硬金属敲击，防止将配锉面咬毛和锉配工件敲毛。

【归纳总结】

通过任务的实施，具备一定钳工技能。

【任务评价】

本任务以掌握锉削技能为主。

项　目	得　分	备　注
实习纪律		30 分
锉削工具		5 分
锉削方法		5 分
外四方锉削		共有 4 处加工，每处 5 分，共 20 分
内四方锉削		共有 4 处加工，每处 5 分，共 20 分
配合质量		10 分
操作安全		10 分

任务6: 榔头螺纹孔加工

图 2.1 所示为钳工实习产品鸭嘴榔头,本任务完成 M8 螺纹孔的制作。

【任务引入】

机械零件上孔的加工除大批量生产在流水线上完成外,其余是钳工完成的。

【任务分析】

本任务是认识孔加工的原理,认识孔加工的机床和刀具;掌握孔加工的正确方法。

【相关知识】

零件上孔的加工,除去一部分由车、镗、铣和磨等机床完成外,很大一部分是由钳工利用各种钻床和钻孔工具完成的。钳工加工孔的方法一般指钻孔、扩孔和铰孔。

一般情况下,孔加工刀具都应同时完成两个运动,如图 2.57 所示。主运动,即刀具绕轴线的旋转运动(箭头 1 所指方向);进给运动,即刀具沿着轴线方向对着零件的直线运动(箭头 2 所指方向)。

1. 钻孔

用钻头在实心零件上加工孔叫作钻孔。钻孔的尺寸公差等级低,为 IT12 ~ IT11;表面粗糙度值大,Ra 值为 50 ~ 12.5μm。

(1) 标准麻花钻组成

麻花钻如图 2.58 所示,是钻孔的主要刀具。麻花钻用高速钢制成,工作部分经热处理淬硬至 62 ~ 65HRC。麻花钻由钻柄、颈部和工作部分组成。

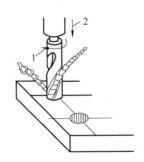

图 2.57　孔加工切削运动

1—主运动;2—进给运动

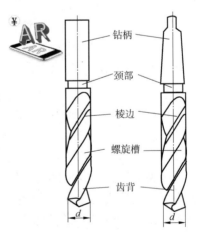

图 2.58　麻花钻

1) 钻柄

钻柄供装夹和传递动力用,钻柄形状有两种:柱柄传递转矩较小,用于直径为 13mm 以下的钻头；锥柄对中性好，传递转矩较大，用于直径大于13mm的钻头。

2）颈部

颈部是磨削工作部分和钻柄时的退刀槽。钻头直径、材料和商标一般刻印在颈部。

3）工作部分

工作部分分成导向部分与切削部分。导向部分依靠两条狭长螺旋形的高出齿背约0.5～1mm的棱边（刃带）起导向作用。它的直径前大后小，略有倒锥度。倒锥量为0.03～0.12mm/100mm，可以减少钻头与孔壁间的摩擦。导向部分经铣、磨或轧制形成两条对称的螺旋槽，用以排除切屑和输送切削液。

如图2.59所示，钻孔时零件夹持方法与零件生产批量及孔的加工要求有关。当生产批量较大或精度要求较高时，零件一般是用钻模来装夹的；当单件小批生产或加工要求较低时，零件经划线确定孔中心位置后，多数装夹在通用夹具或工作台上钻孔。常用的附件有手虎钳、平口虎钳、V形铁和压板螺钉等，这些工具的使用和零件形状及孔径大小有关。

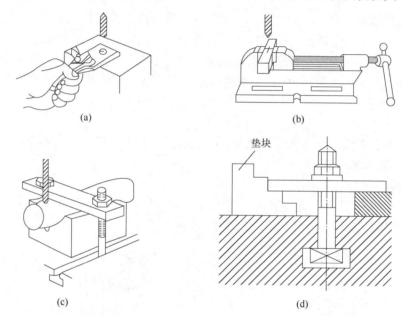

图2.59　零件夹持方法

（a）手虎钳夹持零件；（b）平口虎钳夹持零件；（c）V形铁夹持零件；（d）压板螺钉夹紧零件

（2）钻头的装夹

钻头的装夹方法，按其柄部的形状不同而异。锥柄钻头可以直接装入钻床主轴锥孔内，较小的钻头可用过渡套筒安装，如图2.60a所示。直柄钻头用钻夹头安装，如图2.60b所示。钻夹头（或过渡套筒）的拆卸方法是将楔铁插入钻床主轴侧边的扁孔内，左手握住钻夹头，右手用锤子敲击楔铁卸下钻夹头，如图2.60c所示。

（3）钻削用量

钻孔钻削用量包括钻头的钻削速度（m/min）或转速（r/min）和进给量（钻头每转一周沿轴向移动的距离）。钻削用量受到钻床功率、钻头强度、钻头耐用度和零件精度等许多因素的限制。因此，如何合理选择钻削用量直接关系到钻孔生产率、钻孔质量和钻头的寿命。选择钻削用量可以用查表的方法，也可以考虑零件材料的软硬、孔径大小及精度要求，凭经验选定一个进给量。

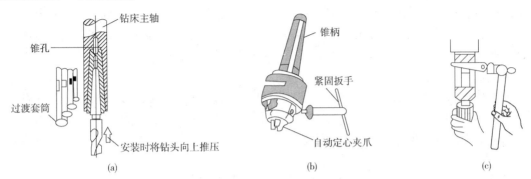

图 2.60　安装拆卸钻头
（a）安装锥柄钻头；（b）钻夹头；（c）拆卸钻夹头

（4）钻孔方法

钻孔前先用样冲在孔中心线上打出样冲眼，用钻尖对准样冲眼锪一个小坑，检查小坑与所划孔的圆周线是否同心（称为试钻）。如稍有偏离，可移动零件找正，若偏离较多，可用尖凿或样冲在偏离的相反方向凿几条槽，如图 2.61 所示。对较小直径的孔也可在偏离的方向用垫铁垫高些再钻。直到钻出的小坑完整，与所划孔的圆周线同心或重合时才可正式钻孔。

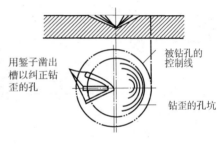

图 2.61　钻孔方法

2. 扩孔与铰孔

用扩孔钻或钻头扩大零件上原有的孔叫作扩孔。孔径经钻孔、扩孔后，用铰刀对孔进行提高尺寸精度和表面质量的加工叫作铰孔。

（1）扩孔

一般用麻花钻作为扩孔钻扩孔。在扩孔精度要求较高或生产批量较大时，还采用专用扩孔钻（图 2.62）扩孔。专用扩孔钻一般有 3~4 条切削刃，所以导向性好，不易偏斜，没有横刃，轴向切削力小，扩孔能得到较高的尺寸精度（可达 IT10~IT9）和较小的表面粗糙度值（Ra 值为 6.3~3.2 μm）。

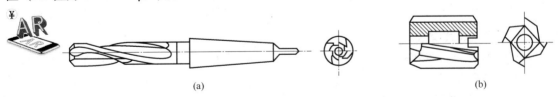

图 2.62　专用扩孔钻
（a）整体式扩孔钻；（b）套装式扩孔钻

由于扩孔的工作条件比钻孔时好得多，故在相同直径情况下扩孔的进给量可比钻孔大 1.5~2 倍。扩孔钻削用量可查表，也可按经验选取。

（2）铰孔

钳工常用手用铰刀进行铰孔，铰孔精度高（可达 IT8～IT6），表面粗糙度值小（Ra 值为 $1.6～0.4\mu m$）。铰孔的加工余量较小，粗铰 $0.15～0.5mm$，精铰 $0.05～0.25mm$。当钻孔、扩孔和铰孔时，要根据工作性质和零件材料，选用适当的切削液，以降低切削温度，提高加工质量。

1）铰刀

铰刀是孔的精加工刀具。铰刀分为机铰刀和手铰刀两种，机铰刀为锥柄，手铰刀为直柄。图 2.63 所示为手铰刀。铰刀一般是制成两支一套的，其中一支为粗铰刀（它的刃上开有螺旋形分布的分屑槽），另一支为精铰刀。

2）手铰孔方法

将铰刀插入孔内，两手握铰杠手柄，顺时针转动并稍加压力，使铰刀慢慢向孔内进给，注意两手用力要平衡，使铰刀铰削时始终保持与零件垂直。铰刀退出时，也应边顺时针转动边向外拔出。

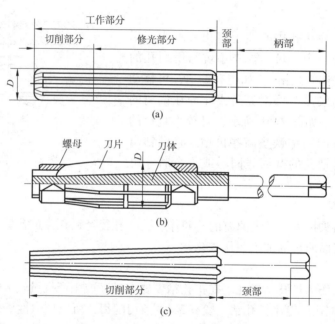

图 2.63　手铰刀

（a）圆柱铰刀；（b）可调节圆柱铰刀；（c）圆锥铰刀

3. 攻螺纹和套螺纹

常用的三角螺纹零件，除采用机械加工外，还可以用钳工攻螺纹和套螺纹的方法获得。

（1）攻螺纹

攻螺纹是用丝锥加工出内螺纹。

1）丝锥

①丝锥的结构

丝锥是加工小直径内螺纹的成形工具，如图 2.64 所示。它由切削部分、校准部分和柄部组成。切削部分磨出锥角，以便将切削负荷分配在几个刀齿上，校准部分有完整的齿形，用于校准已切出的螺纹，并引导丝锥沿轴向运动。柄部有方榫，便于装在铰手内传递转矩。丝锥切削部分和校准部分一般沿轴向开有 3~4 条容屑槽，以容纳切屑，并形成切削刃和前角 γ，切削部分的锥面上铲磨出后角 α，是为了减少丝锥的校准部对零件材料的摩擦和挤压，它的外径、中径均有倒锥度。

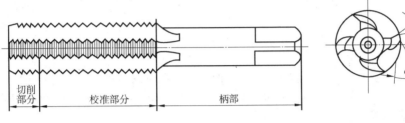

图 2.64　丝锥的构造

②成组丝锥

由于螺纹的精度、螺距大小不同，丝锥一般为 1 支、2 支和 3 支成组使用。使用成组丝锥攻螺纹孔时，要顺序使用来完成螺纹孔的加工。

③丝锥的材料

常用高碳优质工具钢或高速钢制造，手用丝锥一般用 T12A 或 9SiCr 制造。

④手用丝锥铰手

丝锥铰手是扳转丝锥的工具，如图 2.65 所示。常用的铰手有固定式和可调节式，以便夹持各种不同尺寸的丝锥。

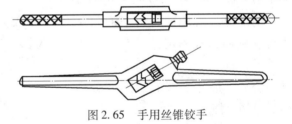

图 2.65　手用丝锥铰手

2）攻螺纹的方法

①攻螺纹前的孔径 d（钻头直径）略大于螺纹底径。其选用丝锥尺寸可查表，也可按经验公式计算：

对于攻普通螺纹，加工钢料及塑性金属时：$d = D - P$，加工铸铁及脆性金属时：$d = D - 1.1P$。

式中　D——螺纹基本尺寸；

　　　P——螺距。

若孔为不通孔，由于丝锥不能攻到底，所以钻孔深度要大于螺纹长度，其尺寸按下式计算：

$$孔的深度 = 螺纹长度 + 0.7D$$

②手工攻螺纹的方法，如图 2.66 所示。双手转动铰手，并轴向加压力，当丝锥切入零件 1~2 牙时，用 90°角尺检查丝锥是否歪斜，如丝锥歪斜，要纠正后再往下攻。当丝锥位置与螺纹底孔端面垂直后，轴向就不再加压力。两手均匀用力，为避免切屑堵塞，要经常倒转 1/2~1/4 圈，以达到断屑。头锥、二锥应依次攻入。攻铸铁材料螺纹时加煤油而不加切削液，钢件材料加切削液，以保证铰孔表面的粗糙度要求。

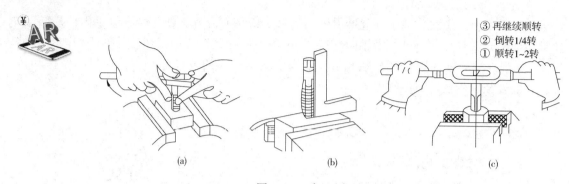

图 2.66　手工攻螺纹的方法

（a）攻入孔内前的操作；（b）检查垂直度；（c）攻入螺纹时的方法

（2）套螺纹

套螺纹是用板牙在圆杆上加工出外螺纹。

1）套螺纹的工具

①圆板牙

板牙是加工外螺纹的工具。圆板牙如图 2.67 所示，就像一个圆螺母，不过上面钻有几个屑孔并形成切削刃。板牙两端带 2ϕ 的锥角部分是切削部分。它是铲磨出来的阿基米德螺旋面，有一定的后角。当中一段是校准部分，也是套螺纹时的导向部分。板牙一端的切削部分磨损后可调头使用。

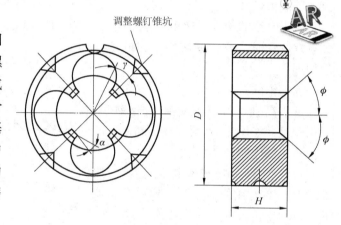

图 2.67　圆板牙

用圆板牙套螺纹的精度比较低，可用它加工 8 级、表面粗糙度 Ra 值为 $6.3 \sim 3.2 \mu m$ 的螺纹。圆板牙一般用合金工具钢 9SiCr 或高速钢 W18Cr4V 制造。

②圆锥管螺纹板牙

圆锥管螺纹板牙的基本结构与普通圆板牙一样，因为管螺纹有锥度，所以只在单面制成切削锥。这种板牙所有切削刃都参加切削，板牙在零件上的切削长度影响管子与相配件的配合尺寸，套螺纹时要用相配件旋入管子来检查是否满足配合要求。

③铰手

手工套螺纹时需要用圆板牙铰手，如图 2.68 所示。

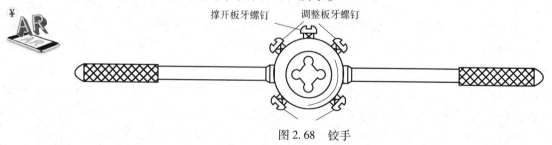

图 2.68　铰手

2）套螺纹的方法

①套螺纹前零件直径的确定

确定螺杆的直径可直接查表，也可按零件直径 $d = D - 0.13P$ 的经验公式计算。

②套螺纹的操作

套螺纹的方法如图 2.69 所示，将板牙套在圆杆头部倒角处，并保持板牙与圆杆垂直，右手握住铰手的中间部分，加适当压力，左手将铰手的手柄顺时针方向转动，在板牙切入圆杆 2～3 牙时，应检查板牙是否歪斜，发现歪斜，应纠正后再套，当板牙位置正确后，再往下套就不用加压力了。套螺纹和攻螺纹一样，应经常倒转以切断切屑。套螺纹应加切削液，以保证螺纹的表面粗糙度要求。

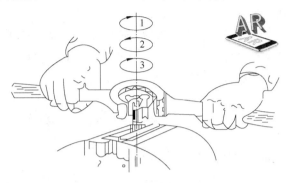

图 2.69　套螺纹的方法

【任务实施】

本任务加工要求较低，用划线找正加工。

用高度尺在钳工平台上，按图示孔的位置划出孔的中心位置，并在该位置上打样冲眼。

按图 2.59b 所示装夹工件，在台钻上用 6.8mm 或 6.7mm 的钻头，用 400r/min 左右的转速，手工进给钻削通孔。

用 10mm 以上的钻头，用 200r/min 左右的转速，手工进给倒角。

用图 2.66 所示的方法及 8mm 的丝锥攻图示螺纹孔。

【归纳总结】

通过任务的实施，认识加工螺纹的作用和工具设备，掌握正确的螺纹加工方法。

【任务评价】

本任务为掌握螺纹加工，主要检验学生正确使用螺纹加工工具，掌握正确的螺纹加工方法。

项　目	得　分	备　注
实习纪律		30 分
钻孔		20 分
倒角		10 分
攻螺纹		30 分
操作安全		10 分

【项目小结】

钳工是机械制造中重要的工种之一，在机械生产过程中起着重要的作用。

　　钳工是手持工具对金属表面进行切削加工的一种方法。钳工的工作特点是灵活、机动和不受进刀方面位置的限制。钳工在机械制造中的作用是：生产前的准备，单件小批生产中的部分加工，生产工具的调整，设备的维修和产品的装配等。作业一般分为划线、锯削、錾削、锉削、刮削、钻孔、铰孔、攻螺纹、套螺纹、研磨、矫正、弯曲、铆接和装配等。

　　钳工按照专业性质分为普通钳工、划线钳工、模具钳工、刮研钳工、装配钳工、机修钳工和管子钳工等。钳工主要是手工作业，所以作业的质量和效率在很大程度上依赖于操作者的技艺和熟练程度。

复习思考题

一、填空题

1. 攻螺纹时，造成螺孔攻歪的原因之一是丝锥（　　　）。

A. 深度不够　　　　B. 强度不够　　　　C. 位置不正　　　　D. 方向不一致

2. 锯削软材料和厚材料选用锯条的锯齿是（　　　）。

A. 粗齿　　　　　　B. 细齿　　　　　　C. 硬齿　　　　　　D. 软齿

3. 钻头直径大于 13mm 时，柄部一般做成（　　　）。

A. 直柄　　　　　　B. 莫氏锥柄　　　　C. 方柄　　　　　　D. 直柄或锥柄

4. 将零件的制造公差适当放宽，然后把尺寸相当的零件进行装配以保证装配精度，称为（　　　）。

A. 调整法　　　　　B. 修配法　　　　　C. 选配法　　　　　D. 互换法

5. 将两个以上的零件组合在一起，或将零件与几个组件结合在一起成为一个装配单元的装配工作叫（　　　）。

A. 部件装配　　　　B. 总装配　　　　　C. 零件装配　　　　D. 间隙调整

二、简答题

1. 钳工主要工作包括哪些？

2. 划线工具有几类？如何正确使用？

3. 有哪几种起锯方式？起锯时应注意哪些问题？

4. 什么是锉削？其加工范围包括哪些？

5. 怎样正确采用顺向锉法、交叉锉法和推锉法？

6. 钻孔、扩孔和铰孔各有什么区别？

7. 什么是攻螺纹？什么是套螺纹？

8. 什么是装配？装配方法有几种？

项目3 车工实训

【教学目标】

◎**知识目标**

通过本项目的训练，使学生了解车工工作在机械制造中的作用。了解车工应完成的工作内容，了解车床及其附件的工作原理和正确使用方法，了解车工工作的安全操作。

◎**技能目标**

通过本项目的训练，使学生能掌握车削的基本方法；了解车刀知识并能根据具体情况，正确选用和磨削刀具；熟悉车床夹具操作和调整；掌握车工常用工具、量具的正确使用方法；独立完成轴类零件的制作。

◎**情感与态度目标**

培养学生的表达、沟通能力和团队协作精神，培养学生的安全生产意识、效率意识及环保意识；培养学生的创新能力、自我发展能力，培养学生爱岗敬业的工作作风。

【项目分析】

根据项目目标，涉及内容较多，具体实施分为五个任务完成，具体如下：

任务1：普通车床操作；

任务2：车刀安装；

任务3：工件的安装；

任务4：典型表面车削；

任务5：榔头柄车削工艺。

【项目实施】

任务1：普通车床操作

图3.1所示为某普通卧式车床所能加工的典型表面，通过本任务认识车床，掌握卧式车床的基本操作。

【任务引入】

车削是机器制造中最常用的一种加工方法，正确掌握车床的基本操作，熟悉车床的工艺

范围，对今后正确制订零件加工工艺，保证车削质量等是非常重要的。

【任务分析】

本课题的任务是了解车削的基本知识，通过实际操作，掌握车削的应用范围和常用机床的组成和操作，为掌握车削技能打基础。

【相关知识】

车削加工是机械加工中最基本最常用的加工方法，它是在车床上用车刀对零件进行切削加工的过程。它既可以加工金属材料，也可以加工塑料、橡胶和木材等非金属材料。车床在机械加工设备中占总数的 50% 以上，是金属切削机床中数量最多的一种，在现代机械加工中占有重要的地位。

车削主要用来加工各种回转体表面，如内外圆柱面、内外圆锥面、螺纹、沟槽、端面和成形面等，其主运动为工件的旋转运动，进给运动为刀具的直线移动。

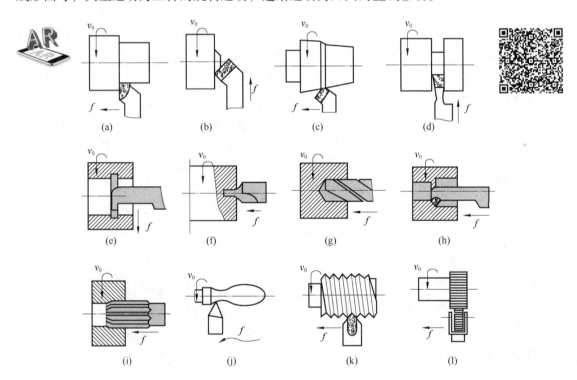

图 3.1 某普通卧式车床所能加工的典型表面

（a）车外圆；（b）车端面；（c）车锥面；（d）切槽、切断；（e）切内槽；（f）钻中心孔；（g）钻孔；（h）镗孔；（i）铰孔；（j）车成形面；（k）车外螺纹；（l）滚花

车削加工的尺寸精度较宽，一般可达 IT12 ~ IT7，精车时可达 IT6 ~ IT5。表面粗糙度 Ra（轮廓算术平均高度）数值的范围一般是 6.3 ~ 0.8 μm，见表 3.1。

表 3.1　常用车削精度与相应表面粗糙度值

加工类别	加工精度	表面粗糙度值 $Ra/\mu m$	标注代号	表面特征
粗车	IT12 IT11	25～50 12.5	$\sqrt{Ra25}$～$\sqrt{Ra50}$ $\sqrt{Ra12.5}$	可见明显刀痕 可见刀痕
半精车	IT10 IT9	6.3 3.2	$\sqrt{Ra6.3}$ $\sqrt{Ra3.2}$	可见加工痕迹 微见加工痕迹
精车	IT8 IT7	1.6 0.8	$\sqrt{Ra1.6}$ $\sqrt{Ra0.8}$	不见加工痕迹 可辨加工痕迹方向
精细车	IT6 IT5	0.4 0.2	$\sqrt{Ra0.4}$ $\sqrt{Ra0.2}$	微辨加工痕迹方向 不辨加工痕迹

1. 机床的型号

为便于管理和使用，赋予每种机床一个型号，表示机床的名称、特性、主要规格和结构特点。按照 2008 年颁布的《金属切削机床型号编制方法》（GB/T 15375—2008），机床型号编制的基本方法简图如图 3.2 所示，机床的类代号，用大写的汉语拼音字母表示，当需要时，每类可分为若干分类，用阿拉伯数字写在类代号之前，作为型号的首位（第一分类不予表示）。机床的特性代号，用大写的汉语拼音字母表示。机床的组、系代号用两位阿拉伯数字表示。机床的主参数用折算值表示，当折算数值大于 1 时，则取整数，前面不加 0，当折算数值小于 1 时，则以主参数值表示，并在前面加 0，某些通用机床，当无法用一个主参数表示时，则在型号中用设计顺序号表示，顺序号由 1 起始，当设计顺序号少于十位数时，则在设计顺序号之前加 0。机床的第二主参数列入型号的后部，并用 ×（读作乘）分开。凡属长度（包括跨距、行程等）的采用 1/100 的折算系数，凡属直径、深度和宽度的则采用 1/10 的折算系数，属于厚度等，则以实际数值列入型号；当需要以轴数和最大模数作为第二主参数列入型号时，其表示方法与以长度单位表示的第二主参数相同，并以实际的数值列入型号。机床的重大改进顺序号是用汉语拼音字母大写表示的，按 A、B、C 等汉语拼音字母的顺序选用（但 I、O 两个字母不得选用），以区别原机床型号。同一型号机床的变型代号是指某些类型机床，根据不同加工的需要，在基本型号机床的基础上，仅改变机床的部分性能结构时，加变型代号以便与原机床型号区分，这种变型代号是在原机床型号之后，加 1、2、3 等阿拉伯数字的顺序号，并用"—"（读作之）分开。

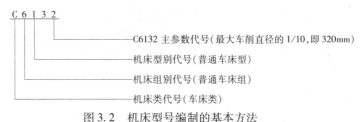

图 3.2　机床型号编制的基本方法

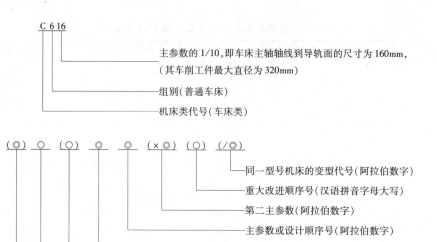

C 6 16

主参数的 1/10，即车床主轴轴线到导轨面的尺寸为 160mm，
（其车削工件最大直径为 320mm）

组别（普通车床）

机床类代号（车床类）

(◎) ○ (○) ○ ○ (×◎) (○) (/◎)

同一型号机床的变型代号（阿拉伯数字）

重大改进顺序号（汉语拼音字母大写）

第二主参数（阿拉伯数字）

主参数或设计顺序号（阿拉伯数字）

组、系代号（阿拉伯数字）

通用特征、结构特性代号（汉语拼音字母大写）

类代号（汉语拼音字母大写）

分类代号（阿拉伯数字）

图 3.2　机床型号编制的基本方法（续）

2. 卧式车床各部分的名称和用途

C6132 普通车床的外形如图 3.3 所示。

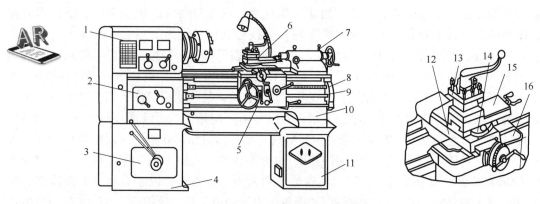

图 3.3　C6132 普通车床的外形

1—主轴箱；2—进给箱；3—变速箱；4—前床脚；5—溜板箱；6—刀架；7—尾座；8—丝杠；9—光杠；
10—床身；11—后床脚；12—中滑板；13—方刀架；14—转盘；15—小滑板；16—大滑板

（1）主轴箱内装主轴和变速机构。通过改变设在主轴箱外面的手柄位置，可使主轴获得 12 种不同的转速（45～1980r/min）。主轴是空心结构，棒料能通过主轴孔的最大直径为 29mm。主轴的右端有外螺纹，用以连接卡盘和拨盘等附件。主轴右端的内表面是莫氏 5 号的锥孔，可插入锥套和顶尖，当采用顶尖并与尾座中的顶尖同时使用安装轴类工件时，其两顶尖之间的最大距离为 750mm。主轴箱的另一重要作用是将运动传给进给箱，并可改变进给方向。

（2）进给箱是进给运动的变速机构。它固定在主轴箱下部的床身前侧面。变换进给箱外面的手柄位置，可将主轴箱内主轴传递下来的运动，转为进给箱输出的光杠或丝杠获得不同的转速，以改变进给量的大小或车削不同螺距的螺纹。其纵向进给量为 $0.06 \sim 0.83 \text{mm/r}$，横向进给量为 $0.04 \sim 0.78 \text{mm/r}$，可车削 17 种公制螺纹（螺距为 $0.5 \sim 9 \text{mm}$）和 32 种英制螺纹（$2 \sim 38$ 牙/in）。

（3）变速箱安装在车床前床脚的内腔中，并由电动机（4.5kW、1440r/min）通过联轴器直接驱动变速箱中齿轮传动轴。变速箱外设有两个长的手柄，是分别移动传动轴上的双联滑移齿轮和三联滑移齿轮，可共获六种转速，通过传动带传动至主轴箱。

（4）溜板箱是进给运动的操纵机构。它使光杠或丝杠旋转运动，通过齿轮和齿条或丝杠和开合螺母，推动车刀做进给运动。溜板箱上有三层滑板，当接通光杠时，可使床鞍带动中滑板、小滑板及刀架沿床身导轨做纵向移动；中滑板可带动小滑板及刀架沿床鞍上的导轨做横向移动，所以刀架可做纵向或横向直线进给运动。当接通丝杠并闭合开合螺母时可车削螺纹。溜板箱内设有互锁机构，使光杠和丝杠两者不能同时使用。

（5）刀架是用来装夹车刀，并可做纵向、横向及斜向运动。刀架是多层结构，它由下列组成（图3.4）：

1）床鞍

床鞍与溜板箱牢固相连，可沿床身导轨做纵向移动。

2）中滑板

中滑板装置在床鞍顶面的横向导轨上，可做横向移动。

3）转盘

转盘固定在中滑板上，松开紧固螺母后，可转动转盘，使它和床身导轨成一个所需要的角度，而后再拧紧螺母，以加工圆锥面等。

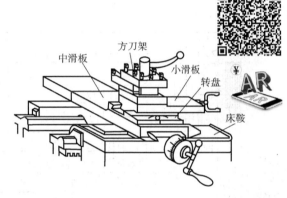

图3.4 刀架

4）小滑板

装在转盘上面的燕尾槽内，可做短距离的进给移动。

5）方刀架

固定在小滑板上，可同时装夹四把车刀。松开锁紧手柄，即可转动方刀架，把所需要的车刀更换到工作位置上。

（6）尾座用于安装后顶尖，以支持较长工件进行加工，或安装钻头、铰刀等刀具进行孔加工。偏移尾座可以车出长工件的锥体。尾座的结构由下列部分组成（图3.5）：

1）套筒其左端有锥孔，用以安装顶尖或锥柄刀具。套筒在尾座体内的轴向位置可用手轮调节，并可用锁紧手柄固定。将套筒退至极右位置时，即可卸出顶尖或刀具。

2）尾座体与底座相连，当松开固定螺钉，拧动螺杆可使尾座体在底板上做微量横向移动，以便使前后顶尖对准中心或偏移一定距离车削长锥面。

3）底座直接安装于床身导轨上，用以支承尾座体。

4）光杠与丝杠将进给箱的运动传至溜板箱。光杠用于一般车削，丝杠用于车螺纹。

5）床身是车床的基础件，用来连接各主要部件并保证各部件在运动时有正确的相对位置。在床身上有供溜板箱和尾座移动用的导轨。

6）操纵杆是车床的控制机构，在操纵杆左端和溜板箱右侧各装有一个手柄，操作工人可以很方便地操纵手柄以控制车床主轴正转、反转或停车。

3. 卧式车床的传动系统

图 3.6 所示为 C6132 卧式车床传动系统图。电动机输出的动力，经变速箱通过带传动传给主轴，更换变速箱和主轴箱外的手柄位置，得到不同的齿轮组啮合，从而得到不同的主轴转速。主轴通过卡盘带动工件做旋转运动。同时，主轴的旋转运

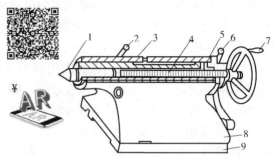

图 3.5　尾座

1—顶尖；2—套筒锁紧手柄；3—顶尖套筒；4—丝杠；5—螺母；
6—尾座锁紧手柄；7—手轮；8—尾座体；9—底座

动通过换向机构、交换齿轮、进给箱和光杠（或丝杠）传给溜板箱，使溜板箱带动刀架沿床身做直线进给运动。

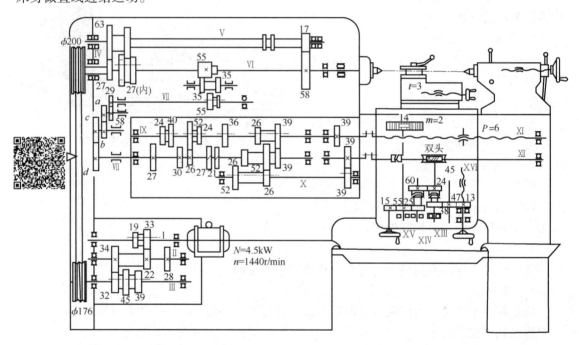

图 3.6　C6132 卧式车床传动系统图

主轴的多种转速，是用改变传动比来达到变速的目的。传动比（i）是传动轴之间的转速之比。若主动轴的转速为 n_1，被动轴的转速为 n_2，则机床传动比的规定为（与机械零件设计中的传动比规定相反）：

$$i = \frac{n_2}{n_1}$$

这样规定，是因为机床传动件多且传动路线长，并且写出传动链和计算的方便。机床中传动轴之间，可以通过胶带和各种齿轮等来传递运动。现设主动轴上的齿轮齿数为 z_1，被动轴上的齿轮齿数为 z_2，则机床传动比可转换为主动齿轮齿数与被动齿轮齿数之比，即：

$$i = \frac{n_2}{n_1} = \frac{z_1}{z_2}$$

若使被动轴获得多种不同的转速，可在传动轴上设置几个固定齿轮或采用双联滑移齿轮等，使两轴之间有多种不同的齿数比来达到。

车床电动机一般为单速电动机，并用联轴器使第一根传动轴（主动轴）同步旋转，若知被动轴的转速，则可方便求出：

$$n_2 = n_1 i = n_1 \frac{z_1}{z_2}$$

依此类推，可计算出任意一轴的转速直至最后一根轴，即主轴的转速。当只求主轴最高或最低转速，则可用各传动轴的最大传动比（取齿数之比为最大）的连乘积（总传动比 n_2）或最小传动比（取齿数之比为最小）的连乘积（总传动比 n_2）来加以计算，即：

$$n_{max} = n_1 i_{max}$$
$$n_{min} = n_1 i_{min}$$

要求主轴全部 12 种转速，可将各传动轴之间的传动比分别都用上式加以计算得出。在计算主轴转速时，必须先列出主运动传动路线（或称传动系统，或称传动链）：

电动机

$$n = 1440\text{r/min} - \text{I} - \begin{bmatrix} \frac{33}{22} \\ \frac{19}{34} \end{bmatrix} - \text{II} - \begin{bmatrix} \frac{34}{32} \\ \frac{28}{39} \\ \frac{22}{45} \end{bmatrix} - \text{III} - \frac{\phi176}{\phi200}\varepsilon - \text{IV} - \begin{bmatrix} \frac{27}{27} \\ \frac{27}{63} \end{bmatrix} - \text{V} - \frac{17}{58} - \text{VI}$$

主轴

按上述齿轮啮合的情况，主轴最高与最低转速为：

$$n_{max} = 1440 \times \frac{33}{22} \times \frac{34}{22} \times \frac{176}{200} \times 0.98\text{r/min} = 1980\text{r/min}$$

$$n_{min} = 1440 \times \frac{19}{34} \times \frac{22}{45} \times \frac{176}{200} \times 0.98 \times \frac{27}{63} \times \frac{17}{58}\text{r/min} = 45\text{r/min}$$

两式中的 0.98 为传动带的滑动系数 ε。

【任务实施】

本任务的实施方法是，首先在实习现场，对照实物讲授车削工艺范围，机床组成和各部件的功能；其次示范操作；最后由学员在教员的指导下练习。

1. 卧式车床的调整及手柄的使用

C6132 车床的调整主要是通过变换各自相应的手柄位置进行的，如图 3.7 所示。

（1）正确变换主轴转速。变动变速箱和主轴箱外面的变速手柄 1、2 或 6，可得到各种相对应的主轴转速，当手柄拨动不顺利时，可用手稍转动卡盘即可，反复变速、开车、停车和验证。

（2）正确变换进给量。按所选的进给量查看进给箱上的标牌，再按标牌上进给变换手柄位置来变换手柄 3 和 4 的位置，即得到所选定的进给量。

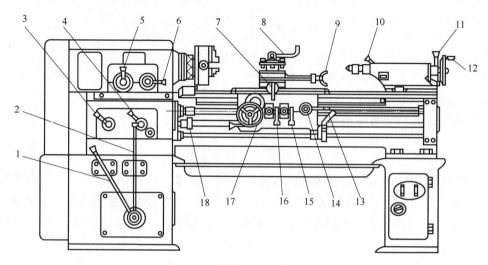

图 3.7　C6132 车床的调整手柄

1、2、6—主运动变速手柄；3、4—进给运动变速手柄；5—刀架左右移动的换向手柄；7—刀架横向手动手柄；
8—方刀架锁紧手柄；9—小刀架移动手柄；10—尾座套筒锁紧手柄；11—尾座锁紧手柄；12—尾座套筒移动手轮；
13—主轴正反转及停止手柄；14—开合螺母开合手柄；15—刀架横向机动手柄；16—刀架纵向机动手柄；
17—刀架纵向手动手轮；18—光杠、丝杠更换使用的离合器

（3）熟悉掌握纵向和横向手动进给手柄的转动方向。左手握纵向手动手轮 17，右手握横向手动手柄 7，分别顺时针和逆时针旋转手轮，操纵刀架和溜板箱的移动方向。

（4）熟悉掌握纵向或横向机动进给的操作。光杠或丝杠接通手柄 18 位于光杠接通位置上，将纵向机动手柄 16 提起即可纵向进给，如将横向机动手柄 15 向上提起即可横向机动进给，分别向下扳动则可停止纵、横机动进给。

（5）尾座的操作。尾座靠手动移动，其固定靠紧固螺栓螺母。转动尾座套筒移动手轮 12，可使套筒在尾架内移动，转动尾座锁紧手柄 11，可将套筒固定在尾座内。

2. 低速开车练习

练习前应先检查各手柄是否处于正确的位置，无误后进行开车练习。

1）主轴启动、停止

接通电源开关按电动机启动按钮主轴正反转及停止手柄 13 往上提，主轴正转主轴正反转及停止手柄 13 停在中间，停止主轴转动—主轴正反转及停止手柄 13 往下压，主轴反转。

2）手动纵向进给—电动机启动—操纵主轴转动—操纵纵向手动手轮 17，反复练习手动左右进给运动。

3）手动横向进给—电动机启动—操纵主轴转动—操作横向手动手柄 7，反复练习手动前后进给运动。

4）机动纵向进给—电动机启动—操纵主轴转动—操作纵向机动手柄 16，反复练习机动左右进给运动。

5）机动横向进给—电动机启动—操纵主轴转动—操作横向机动手柄 15，反复练习机动前后进给运动。

6）丝杠、光杠转换—电动机启动—操纵主轴转动—操作开合螺母开合手柄 14，反复练

习丝杠、光杠转换。

7）尾座操纵

前后移动尾座，松开尾座锁紧手柄11，可前后移动尾座，移动到合适位置，锁紧尾座锁紧手柄11。

尾座套筒移动，转动尾座套筒移动手轮12，可前后移动尾座套筒，移动到合适位置，锁紧套筒锁紧手柄10，固定尾座套筒。

特别注意如下：

（1）机床未完全停止时严禁变换主轴转速，否则会发生严重的主轴箱内齿轮打齿现象甚至发生机床事故。开车前要检查各手柄是否处于正确位置。

（2）纵向和横向手柄进退方向不能摇错，尤其是快速进退刀时要千万注意，否则会发生工件报废和安全事故。

（3）当横向进给手动手柄每转一格时，刀具横向背吃刀量为0.02mm，其圆柱体直径方向切削量为0.04mm。

【归纳总结】

通过现场教学，认识机床的组成和各部件的作用，通过实际操作掌握卧式车床正确的操作方法。

【任务评价】

本任务以认识机床为主，主要检验学生正确操作卧式车床。

项　　目	得　　分	备　　注
实习纪律		30分
开车、停车		10分
主运动变速		10分
调整进给量		10分
手动进给、机动进给		10分
尾座调整		10分
丝杠、光杠转换		10分
安全操作		10分

任务2：车刀安装

图3.8所示为外圆车刀的组成，本任务为认识车刀，学会正确选用车刀，掌握正确刃磨车刀的方法和车刀的正确安装方法。

【任务引入】

车削是机器制造中最常用的一个工种，车削加工质量与机床精度，正确选择切削用量等因素外，还与车刀的材料、类型、角度、刃磨质量和安装质量相关。

【任务分析】

本课题的任务是了解车刀的相关知识，具体了解车刀的结构、车刀材料、车刀角度、车刀刃磨和车刀安装，为掌握车削技能打基础。

【相关知识】

1. 车刀的结构

车刀是由刀头和刀杆两部分所组成的，刀头是车刀的切削部分，刀杆是车刀的夹持部分。车刀从结构上分为四种形式，即整体式、焊接式、机夹式和可转位式车刀，其结构特点及适用场合见表3.2。

表3.2　车刀结构特点及适用场合

名　称	特　点	适用场合
整体式	用整体高速钢制造，刃口可磨得较锋利	小型车床或加工非铁金属
焊接式	焊接硬质合金或高速钢刀片，结构紧凑，使用灵活	各类车刀特别是小刀具
机夹式	焊接硬质合金或高速钢刀片，结构紧凑，使用灵活	外圆、端面、镗孔、切断、螺纹车刀等
可转位式	避免了焊接刀的缺点，可快换转位，生产率高，断屑稳定，可使用涂层刀片	大中型车床加工外圆、端面和镗孔，特别适用于自动线、数控机床

2. 刀具材料

（1）刀具材料应具备的性能

1）高硬度和好的耐磨性

刀具材料的硬度必须高于被加工材料的硬度才能切下金属。一般刀具材料的硬度应在60HRC以上。刀具材料越硬，其耐磨性就越好。

2）足够的强度与冲击韧度

强度是指在切削力的作用下，不至于发生刀刃崩碎与刀杆折断所具备的性能。冲击韧度是指刀具材料在有冲击或间断切削的工作条件下，保证不崩刃的能力。

3）高的耐热性

耐热性又称为红硬性，是衡量刀具材料性能的主要指标，它综合反映了刀具材料在高温下仍能保持高硬度、耐磨性、强度、抗氧化、抗黏结和抗扩散的能力。

4）良好的工艺性和经济性

（2）常用刀具材料

目前，车刀广泛应用硬质合金刀具材料，在某些情况下也应用高速钢刀具材料。

1）高速钢

高速钢是一种高合金钢，俗称白钢、锋钢和风钢等。其强度、冲击韧度和工艺性很好，是制造复杂形状刀具的主要材料，如：成形车刀、麻花钻头、铣刀和齿轮刀具等。高速钢的耐热性不高，约在640℃左右其硬度下降，不能进行高速切削。

2）硬质合金

以耐热性高和耐磨性好的碳化物钴为黏结剂，采用粉末冶金的方法压制成各种形状的刀片，然后用铜钎焊的方法焊在刀头上作为切削刀具的材料。硬质合金的耐磨性和硬度比高速钢高得多，但塑性和冲击韧度不及高速钢。

按 GB/T 2075—1998（参照采用 ISO 标准），可将硬质合金分为 P、M、K 三类。

（1）P 类硬质合金：主要成分为 Wc + Tic + Co，用蓝色作为标志，相当于原钨钛钴类（YT）。主要用于加工长切屑的黑色金属，如钢类等塑性材料。此类硬质合金的耐热性为 900℃。

（2）M 类硬质合金：主要成分为 Wc + Tic + Tac（Nbc）+ Co，用黄色作为标志，又称为通用硬质合金，相当于原钨钛钽类通用合金（YW）。主要用于加工黑色金属和有色金属。此类硬质合金的耐热性为 1000～1100℃。

（3）K 类硬质合金：主要成分为 Wc + Co，用红色作为标志，又称为通用硬质合金，相当于原钨钴（YG）。主要用于加工短切屑的黑色金属（如铸铁）、有色金属和非金属材料。此类硬质合金的耐热性为 800℃。

3. 车刀的组成及车刀角度

车刀是形状最简单的单刃刀具，其他各种复杂刀具都可以看作是车刀的组合和演变，有关车刀角度的定义，均适用于其他刀具。

（1）车刀的组成

车刀是由刀头（切削部分）和刀体（夹持部分）所组成的。车刀的切削部分是由三面、二刃和一尖所组成的，即一点二线三面（图 3.8）。

前刀面：切削时，切屑流出所经过的表面。

主后刀面：切削时，与工件加工表面相对的表面。

副后刀面：切削时，与工件已加工表面相对的表面。

主切削刃：前刀面与主后刀面的交线。它可以是直线或曲线，担负着主要的切削工作。

副切削刃：前刀面与副后刀面的交线。一般只担负少量的切削工作。

刀尖：主切削刃与副切削刃的相交部分。为了强化刀尖，常磨成圆弧形或成一小段直线称为过渡刃（图 3.9）。

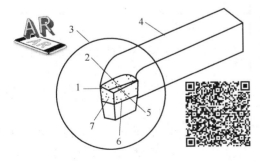

图 3.8　外圆车刀的组成

1—副切削刃；2—前刀面；3—刀头；4—刀体；
5—主切削刃；6—主后刀面；7—副后刀面

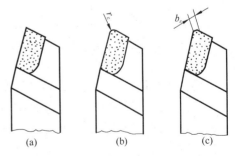

图 3.9　刀尖的形成

（a）切削刃的实际交点；（b）圆弧过渡刃；
（c）直线过渡刃

（2）车刀的角度

车刀的主要角度有前角 γ_o、后角 α_o、主偏角 κ_r、副偏角 κ'_r 和刃倾角 λ_s（图 3.10）。

车刀的角度是在切削过程中形成的，它们对加工质量和生产率等起着重要作用。在切削时，与工件加工表面相切的假想平面称为切削平面，与切削平面相垂直的假想平面称为基面，另外采用机械制图的假想剖面（正交剖面），由这些假想的平面再与刀头上存在的三面二刃就可构成实际起作用的刀具角度（图 3.11）。对车刀而言，基面呈水平面，并与车刀底面平行。切削平面、正交剖面与基面是相互垂直的。

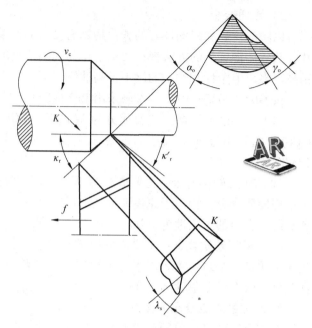

图 3.10 车刀的主要角度

1）前角 γ_o

前角是指前刀面与基面之间的夹角，表示前刀面的倾斜程度。前角可分为正、负、零，前刀面在基面之下则前角为正值，反之为负值，相重合为零。一般所说的前角是指正前角而言，图 3.12 所示为前角与后角的剖视图。

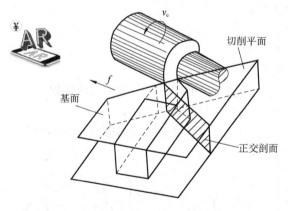

图 3.11 确定车刀角度的辅助平面

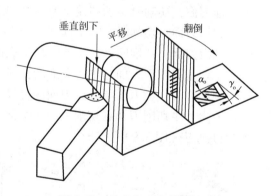

图 3.12 前角与后角的剖视图

前角的作用：增大前角，可使切削刃锋利、切削力降低、切削温度低、刀具磨损小和表面加工质量高。但过大的前角会使刃口强度降低，容易造成刃口损坏。

选择原则：用硬质合金车刀加工钢件（塑性材料等），一般选取 $\gamma_o = 10° \sim 20°$；加工灰铸铁（脆性材料等），一般选取 $\gamma_o = 5° \sim 15°$。当精加工时，可取较大的前角，粗加工应取较小的前角。当工件材料的强度和硬度大时，前角取较小值，有时甚至取负值。

2）后角 α_o

后角是指主后刀面与切削平面之间的夹角，表示主后刀面的倾斜程度。

后角的作用：减少主后刀面与工件之间的摩擦，并影响刃口的强度和锋利程度。

选择原则：一般后角 $\alpha_o = 6° \sim 8°$。

3）主偏角 κ_r

主偏角是指主切削刃与进给方向在基面上投影间的夹角。

主偏角的作用：影响切削刃的工作长度、切深抗力、刀尖强度和散热条件。主偏角越小，则切削刃工作长度越长，散热条件越好，但切深抗力越大。

选择原则：车刀常用的主偏角有 45°、60°、75° 和 90° 几种。当工件粗大、刚性好时，可取较小值。当车细长轴时，为了减小背向力而引起工件弯曲变形，宜选取较大值。

4）副偏角 κ'_r

副偏角是指副切削刃与进给方向在基面上投影间的夹角。

副偏角的作用：影响已加工表面的表面粗糙度，减小副偏角可使已加工表面光洁。

选择原则：一般选取 $\kappa'_r = 5° \sim 15°$，精车时可取 $5° \sim 10°$，粗车时取 $10° \sim 15°$。图 3.13 所示为车刀的主偏角与副偏角。

5）刃倾角 λ_s

刃倾角是指主切削刃与基面间的夹角，刀尖为切削刃最高点时为正值，反之为负值。

刃倾角的作用：主要影响主切削刃的强度和控制切屑流出的方向。以刀杆底面为基准，当刀尖为主切削刃最高点时，λ_s 为正值，切屑流向待加工表面，如图 3.14a 所示；当主切削刃与刀杆底面平行时，$\lambda_s = 0°$，切屑沿着垂直于主切削刃的方向流出，如图 3.14b 所示；当刀尖为主切削刃最低点时，λ_s 为负值，切屑流向已加工表面，如图 3.14c 所示。

选择原则：一般 λ_s 在 $0° \sim ±5°$ 范围内选择。当粗加工时，λ_s 常取负值，虽切屑流向已加工表面无妨，但保证了主切削刃的强度大。精加工常取正值，使切屑流向待加工表面，从而不会划伤已加工表面的质量。

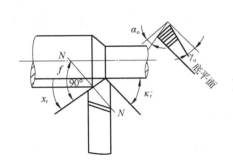

图 3.13　车刀的主偏角与副偏角

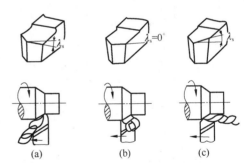

图 3.14　刃倾角对切屑流向的影响

【任务实施】

本任务的实施方法是，首先在实习现场，对照实物讲授车刀种类和车刀结构，示范车刀刃磨和车刀安装；最后由学员在教员的指导下练习。

1. 车刀的选择

1）车刀材料

根据不同工件材料，选择不同材料的车刀，韧性较好、硬度较低的材料选择高速钢，反之选择硬质合金车刀；不同硬质合金适用的不同场合见表 3.3。

表 3.3　硬质合金的性能与用途

类型	特　　点	用　　途
YG	能在较高硬质时获得较高的抗弯强度，特别适合于在较低切削速度下工作	主要用于加工铸铁、耐热合金、不锈钢、有色合金及绝缘材料等
YT	随着 TiC 含量提高和 Co 含量降低，与 YG 类相比，硬度和耐磨性提高，韧性降低	因抗弯强度和冲击韧性比较低，不适合加工脆性材料，如铸铁，主要用于加工钢材
YW	加入了 TaC（或 NbC），提高了抗弯强度、疲劳强度、冲击韧性和高温硬度与强度	既可用于加工铸铁及有色合金，也可用于加工一般钢材，常称为通用型硬质合金
YN	硬度很高，耐磨性、耐热性和抗氧化能力高，化学稳定性好，抗弯强度和韧性稍差	可用于加工钢，也可用于加工铸铁，特别适合半精加工和精加工，不适于重切削

2）车刀形状

应根据不同的用途选择不同形状的车刀，如图 3.15 和图 3.16 所示。

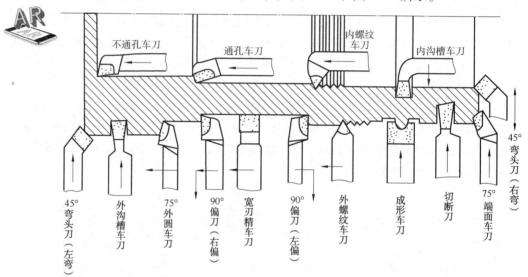

图 3.15　车刀的选择

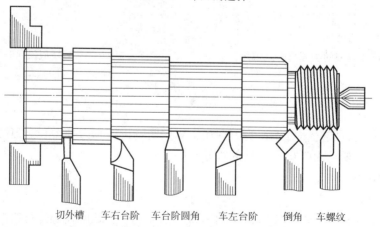

图 3.16　车刀的应用

3）车刀角度

根据不同材料和不同技术要求，选择不同刀具角度。

①前角的选择

增大前角可以减少切削变形和减小切削力，降低功率消耗。但前角过大，刀具强度减弱，易出现崩刃。在一定的加工条件下，前角的最佳数值主要取决于刀具材料和工件材料。

一般粗加工时，主要保证刀具有足够强度，故应适当减小前角；当精加工时，着重保证加工质量，前角应取稍大。在同样的切削条件下，硬质合金刀具的前角应比高速钢的小些；当切削塑性材料时，前角应取得大些；当切削脆性材料时，前角应取得小些。

②后角的选择

增大后角可以减少刀具后刀面与工件间的摩擦，降低工件表面粗糙度值。但后角过大，刀具强度减弱。在一定的加工条件下，后角的最佳数值主要取决于是粗加工还是精加工，另外还与工件材料有关。

一般粗加工时，主要保证刀具有足够的强度，应适当减小后角，一般为 $4° \sim 6°$；当精加工时，则着重保证加工质量，后角取得较大，一般为 $8° \sim 12°$。当粗车塑性很好的材料时，后角应比上述数值大 $2° \sim 4°$。

③主偏角、副偏角的选择

减小主、副偏角可改善刀尖散热条件，延长刀具寿命，减小残留面积高度，使背向力 F_y 增大，当系统刚性不足时，容易振动。

主偏角应根据系统刚性和工件形状来选择，系统刚性好，κ_r 取 $45°$ 或 $60°$；系统刚性差，κ_r 取 $75°$、$90°$ 或 $93°$，当车阶梯轴时，κ_r 取 $90°$ 或 $93°$；当车外圆带倒角时，κ_r 取 $45°$。副偏角应根据系统刚性和工件表面粗糙度来选择，一般情况下 κ'_r 取 $5° \sim 10°$，当系统刚性差时，κ'_r 取 $10° \sim 15°$，当精加工时，副偏角应取得小些。

④刃倾角的选择

刃倾角主要影响刀头强度和排屑方向。负的刃倾角使刀头强固，改善刀尖受力状况，使切屑排向已加工表面，容易拉毛已加工表面；而正的刃倾角刀具易损坏，刃倾角应根据粗加工还是精加工来选择。当粗加工时，为增强切削刃抗冲击能力，取 $\lambda_s = 5° \sim 10°$；当粗车不连续表面时，取 $\lambda_s = 15° \sim 20°$。当精加工时，为控制切屑排向待加工表面，取 $\lambda_s = 5° \sim 10°$，使切屑排向待加工表面。

2. 车刀的刃磨

车刀（指整体车刀与焊接车刀）用钝后重新刃磨是在砂轮机上进行的。磨高速钢车刀用氧化铝砂轮（白色），磨硬质合金刀头用碳化硅砂轮（绿色）。

（1）砂轮的选择

砂轮的特性由磨料、粒度、硬度、结合剂和组织五个因素决定。

1）磨料

常用的磨料有氧化物系、碳化物系和高硬磨料系三种。工厂常用的是氧化铝砂轮和碳化硅砂轮。氧化铝砂轮磨粒硬度低（$2000 \sim 2400HV$）、韧性大，适用刃磨高速钢车刀，其中白色的叫作白刚玉，灰褐色的叫作棕刚玉。碳化硅砂轮的磨粒硬度比氧化铝砂轮的磨粒高（$2800HV$ 以上）。性脆而锋利，并且具有良好的导热性和导电性，适用刃磨硬质合金。其中常用的是黑色和绿色的碳化硅砂轮，而绿色的碳化硅砂轮更适合刃磨硬质合金车刀。

2）粒度

粒度表示磨粒大小的程度。以磨粒能通过每英寸长度上多少个孔眼的数字作为表示符号。例如60粒度是指磨粒刚可通过每英寸长度上有60个孔眼的筛网。因此，数字越大则表示磨粒越细。粗磨车刀应选磨粒号数小的砂轮，精磨车刀应选号数大（即磨粒细）的砂轮。

3）硬度

砂轮的硬度是反映磨粒在磨削力的作用下，从砂轮表面上脱落的难易程度。砂轮硬，即表面磨粒难以脱落；砂轮软，表示磨粒容易脱落。砂轮的软硬和磨粒的软硬是两个不同的概念，必须区分清楚。刃磨高速钢车刀和硬质合金车刀时应选软或中软的砂轮。

综上所述，应根据刀具材料正确选用砂轮。当刃磨高速钢车刀时，应选用粒度为46～60号的软或中软的氧化铝砂轮。当刃磨硬质合金车刀时，应选用粒度为60～80号的软或中软的碳化硅砂轮。

（2）**车刀刃磨的步骤**

1）磨主后刀面

磨主后刀面目的是磨出车刀的主偏角和主后角（图3.17a）。

按主偏角大小将刀杆向左偏斜，再将刀头向上翘，使主后刀面自下而上慢慢地接触砂轮。

2）磨副后刀面

磨副后刀面的目的是磨出车刀的副偏角和副后角（图3.17b）。

按副偏角大小将刀杆向右偏斜，再将刀头向上翘，使副后刀面自下而上慢慢地接触砂轮。

3）磨前刀面

磨前刀面的目的是磨出车刀的前角及刃倾角（图3.17c）。

先将刀杆尾部下倾，再按前角大小倾斜前刀面，使主切削刃与刀杆底部平行或倾斜一定角度，再使前刀面自下而上慢慢地接触砂轮。

4）磨刀尖圆弧

在主切削刃与副切削刃之间磨刀尖圆弧，以提高刀尖强度和改善散热条件（图3.17d）。

刀尖上翘，使过渡刃有后角，防止圆弧刃过大，需轻靠或轻磨。

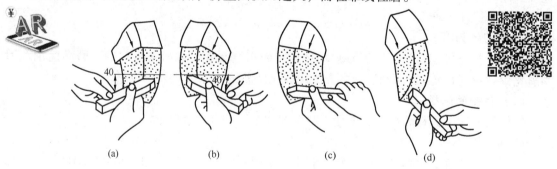

图3.17　外圆车刀刃磨的步骤

（3）**刃磨车刀的姿势及方法**

1）人站立在砂轮机的侧面，以防砂轮碎裂时，碎片飞出伤人。

2）两手握刀的距离放开，两肘夹紧腰部，以减小磨刀时的抖动。

3）磨刀时，车刀要放在砂轮的水平中心，刀尖略向上翘约3°～8°，车刀接触砂轮后应做左右方向水平移动；当车刀离开砂轮时，车刀需向上抬起，以防磨好的切削刃被砂轮碰伤。

4）当磨后刀面时，刀杆尾部向左偏过一个主偏角的角度；当磨副后刀面时，刀杆尾部向右偏过一个副偏角的角度。

5）当修磨刀尖圆弧时，通常以左手握车刀前端为支点，用右手转动车刀的尾部。

（4）**磨刀安全知识**

1）刃磨刀具前，应首先检查砂轮有无裂纹，砂轮轴螺母是否拧紧，并经试转后使用，以免砂轮碎裂或飞出伤人。

2）刃磨刀具不能用力过大，否则会使手打滑而触及砂轮面，造成工伤事故。

3）磨刀时应戴防护眼镜，以免砂砾和铁屑飞入眼中。

4）磨刀时不要正对砂轮的旋转方向站立，以防发生意外。

5）当磨小刀头时，必须把小刀头装入刀杆上。

6）砂轮支架与砂轮的间隙不得大于3mm，如果发现过大，应调整适当。

（5）**车刀安装**

车刀必须正确牢固地安装在刀架上，如图3.18a所示。

安装车刀应注意下列几点：

1）刀头不宜伸出太长，否则切削时容易产生振动，影响工件的加工精度和表面粗糙度。一般刀头伸出长度不超过刀杆厚度的两倍，能看见刀尖车削即可。

2）刀尖应与车床主轴中心线等高。车刀装得太高，后角减小，则车刀的主后面会与工件产生强烈的摩擦；如果装得太低，前角减小，切削不顺利，会使刀尖崩碎。刀尖的高低，可根据尾座顶尖高低来调整。车刀的安装如图3.18a所示。

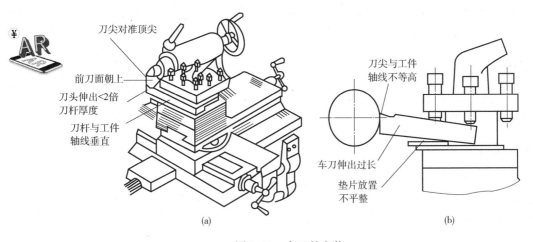

图3.18 车刀的安装
（a）正确；（b）错误

3）车刀底面的垫片要平整，并尽可能用厚垫片，以减少垫片数量。调整好刀尖高低后，至少要用两个螺钉交替将车刀拧紧。

【归纳总结】

1. 现场准备各种类型的车刀，根据车削工艺范围，要求学生正确选择车刀。

2. 根据具体材料、硬度和加工要求，合理选择刀具和刀具角度，并按正确方法磨刀。通过检测零件加工质量，认识正确刃磨刀具的重要性。

3. 根据加工要求正确安装刀具，通过检测零件加工质量，认识正确安装刀具的重要性。

【任务评价】

本任务以认识车刀为主，主要检验学生掌握正确安装车刀的方法，掌握车刀的刃磨方法。

项　　目	得　　分	备　　注
实习纪律		30 分
车刀		20 分
车刀安装		20 分
车刀刃磨		20 分
安全操作		10 分

任务3：工件的安装

根据零件的结构特点，选择不同的车床夹具，正确安装工件。

【任务引入】

车削是机器制造中最常用的加工方法，工件安装质量，影响零件的加工质量和效率。通过本任务的实践，应了解车床常用夹具，并能正确使用。

【任务分析】

本课题的任务是了解工件安装的相关知识，具体了解车削常见的工件安装方法和车床夹具，为掌握车削技能打基础。

【相关知识】

在车床上安装工件时，应使被加工表面的回转中心与车床主轴的轴线重合，以保证工件位置准确。要把工件夹紧，以承受切削力，保证工作时安全。当在车床上加工工件时，主要有以下几种安装方法：

1. 自定心卡盘

自定心卡盘是车床最常用的附件，其结构如图 3.19 所示。当转动小锥齿轮时，与之啮合的大锥齿轮也随之转动，大锥齿轮背面的平面螺纹就使三个卡爪同时缩向中心或向外胀开，以夹紧不同直径的工件。由于三个卡爪能同时移动并对中（对中精度为 0.05 ~ 0.15mm），所以自定心卡盘适于快速夹持截面为圆形、正三边形和正六边形的工件。自定心卡盘本身还带有三个"反爪"，反方向装到卡盘体上即可用于夹持直径较大的工件。

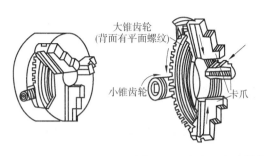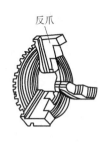

大锥齿轮
（背面有平面螺纹）

反爪

小锥齿轮

卡爪

图3.19　自定心卡盘结构

自定心卡盘由于三爪联动，能自动定心，但夹紧力小，故适用于装夹圆棒料、六角棒料及外表面为圆柱面的工件。

2. 单动卡盘

单动卡盘的构造如图3.20所示。它的四个卡爪与自定心卡盘不同，是互不相关的，可以单独调整。每个爪的后面有一半内螺纹，和丝杠啮合，丝杠的一端有一方孔，是用来安插卡盘扳手的。当转动丝杠时该卡爪就能上下移动。卡盘后面配有法兰盘，法兰盘有内螺纹与主轴螺纹相配合。由于四爪单动，夹紧力大，装夹时工件需找正（图3.21a、b），故适合于装夹毛坯、方形、椭圆形和其他形状不规则的工件及较大的工件。

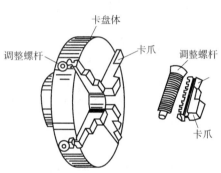

卡盘体

卡爪

调整螺杆

调整螺杆

卡爪

图3.20　单动卡盘的构造

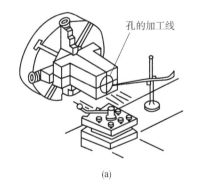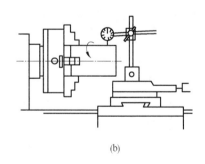

孔的加工线

（a）

（b）

图3.21　单动卡盘装夹找正
（a）划线找正；（b）百分表找正

3. 用顶尖安装

卡盘装夹适合于安装长径比小于4的工件，而当某些工件在加工过程中需多次安装，要求有同一基准，或无须多次安装，但为了增加工件的刚性（加工长径比为4～10的轴类零件）时，往往采用双顶尖安装工件，如图3.22所示。

用顶尖装夹，必须先在工件两端面上用中心钻钻出中心孔，再把轴安装在前后顶尖上。前顶尖装在车床主轴锥孔中与主轴一起旋转。后顶尖装在尾座套筒锥孔内。它有固定顶尖和回转顶尖两种。固定顶尖与工件中心孔发生摩擦，在接触的上要加润滑脂润滑。固定顶尖定心准确，刚性好，适合于低速切削和工件精度要求较高的场合。回转顶尖随工件一起转动，与工件中心孔无摩擦，它适合于高速切削，但定心精度不高。用两顶尖装夹时，需有鸡心夹头和拨盘夹紧来带动工件旋转。

当加工长径比大于10的细长轴时，为了防止轴受切削力的作用而产生弯曲变形，往往需要加用中心架或跟刀架支承，以增加其刚性。

中心架的应用如图3.23所示。中心架固定于床身导轨上，不随刀架移动。中心架应用比较广泛，尤其在中心距很长的车床上加工细长工件时，必须采用中心架，以保证工件在加工过程中有足够的刚性。

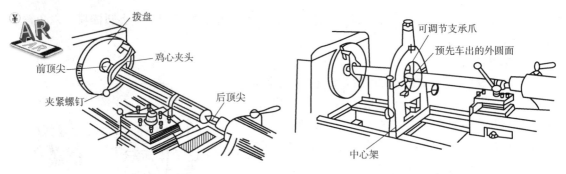

图3.22　用双顶尖安装工件　　　　　图3.23　中心架的应用

图3.24所示为跟刀架的使用情况，利用跟刀架的目的与利用中心架的目的基本相同，都是为了增加工件在加工中的刚性。其不同点在于跟刀架只有两个支承点，而另一个交承点被车刀所代替。跟刀架固定在大拖板上，可以跟随拖板与刀具一起移动，从而有效地增强工件在切削过程中的刚性，所以跟刀架常被用于精车细长轴工件上的外圆，有时也适用于需一次装夹而不能调头加工的细长轴类工件。

【任务实施】

（1）选择一批长径比分别是小于4；长径比大于4，小于10；长径比大于10的轴类零件。准备一批盘套类零件和一批偏心零件。

（2）在老师的指导下，学生能选择正确的工件安装方法。

1. 用自定心卡盘安装工件

自定心卡盘的安装如图3.25a所示，装夹直径较小的工件，安装如图3.25b所示。当装夹直径较大的外圆工件时可用三个反爪进行，如图3.25c所示。但自定心卡盘由于夹紧力不大，所以一般只适于重量较轻的工件，当重量较重的工件进行装夹时，宜用单动卡盘或其他专用夹具。

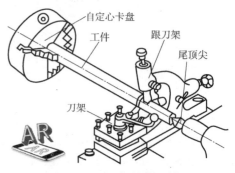

图3.24　跟刀架的使用情况

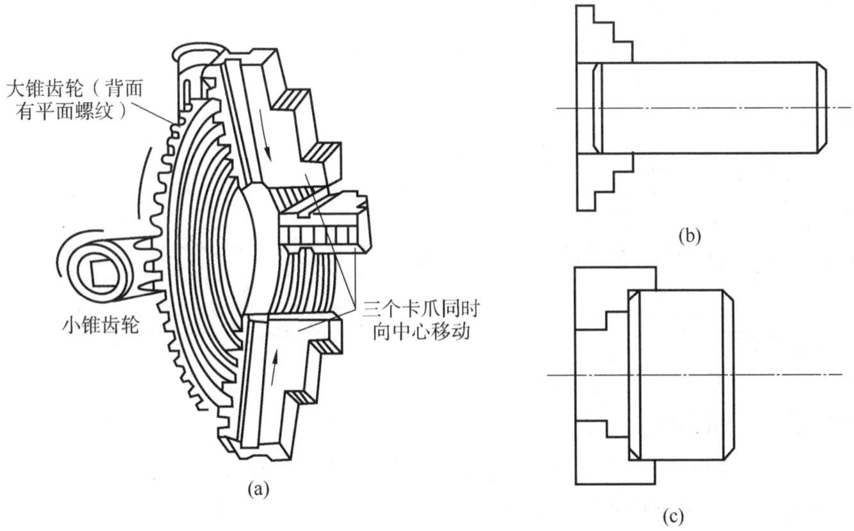

图 3.25 自定心卡盘的安装

（a）自定心卡盘；（b）正爪装夹；（c）反爪装夹

2. 用单动卡盘安装工件

单动卡盘的外形如图 3.26a 所示。它的四个爪通过四个螺杆独立移动。它的特点是能装夹形状比较复杂的非回转体如方形和长方形等，而且夹紧力大。由于其装夹后不能自动定心，所以装夹效率较低，装夹时必须用划针盘或百分表找正，使工件回转中心与车床主轴中心对齐，图 3.26b 所示为用百分表找正外圆的示意图。

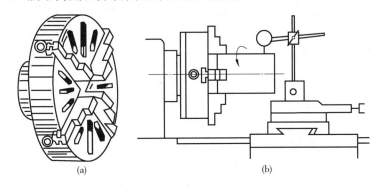

图 3.26 单动卡盘装夹工件

（a）单动卡盘的外形；（b）用百分表找正外圆的示意图

3. 用顶尖安装工件

对同轴度要求比较高且需要调头加工的轴类工件，常用双顶尖装夹工件，如图 3.27 所示，其前顶尖为普通顶尖，装在主轴孔内，并随主轴一起转动，后顶尖为回转顶尖装在尾座套筒内。工件利用中心孔被顶在前后顶尖之间，并通过拨盘和卡箍随主轴一起转动。

用顶尖安装工件应注意：

（1）卡箍上的支承螺钉不能支承得太紧，以防工件变形。

（2）由于靠卡箍传递转矩，所以车削工件的切削用量要小。

（3）当钻两端中心孔时，要先用车刀把端面车平，再用中心钻钻中心孔。

（4）当安装拨盘和工件时，首先要擦净拨盘的内螺纹和主轴端的外螺纹，把拨盘拧在主轴上，再把轴的一端装在卡箍上，最后在双顶尖中间安装工件。

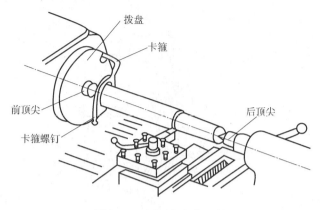

图 3.27　用顶尖安装工件

4. 用心轴安装工件

当以内孔为定位基准，并能保证外圆轴线和内孔轴线的同轴度要求，此时用心轴定位，工件以圆柱孔定位常用圆柱心轴和小锥度心轴；对于带有锥孔、螺纹孔和内花键的工件定位，常用相应的锥体心轴和螺纹心轴和花键心轴。

圆柱心轴是以外圆柱面定心、端面压紧来装夹工件的，如图 3.28 所示。心轴与工件孔一般用 H7/h6、H7/g6 的间隙配合，所以工件能很方便地套在心轴上。但由于配合间隙较大，一般只能保证同轴度为 0.02 mm 左右。为了消除间隙，提高心轴定位精度，心轴可以做成锥体，但锥体的锥度很小，否则工件在心轴上会产生歪斜，如图 3.29a 所示。常用的锥度为 1/1000 ~ 1/5000。定位时，工件楔紧在心轴上，楔紧后孔会产生弹性变形，如图 3.29b 所示，从而使工件不致倾斜。

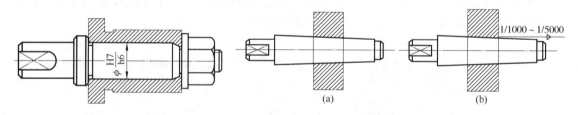

图 3.28　在圆柱心轴上定位

图 3.29　圆锥心轴安装工件的接触情况
（a）锥度太大；（b）锥度合适

小锥度心轴的优点是靠楔紧产生的摩擦力带动工件，不需要其他夹紧装置，定心精度高，可达 0.005 ~ 0.01 mm。缺点是工件的轴向无法定位。

当工件直径不太大时，可采用锥度心轴（锥度 1∶1000 ~ 1∶2000）。工件套入压紧，靠摩擦力与心轴紧固。锥度心轴对中准确、加工精度高、装卸方便，但不能承受过大的力矩。

当工件直径较大时，则应采用带有压紧螺母的圆柱形心轴。它的夹紧力较大，但对中精度较锥度心轴低。

5. 中心架和跟刀架的使用

当工件长度和直径之比大于 25 倍（$L/d > 25$）时，由于工件本身的刚性变差，在车削时，工件受切削力、自重和旋转时离心力的作用，会产生弯曲和振动，严重影响其圆柱度和表面粗糙度，同时，在切削过程中，工件受热伸长产生弯曲变形，车削很难进行，严重时会使工件在顶尖间卡住，此时需要用中心架或跟刀架来支承工件。

（1）用中心架支承车细长轴

一般在车削细长轴时，要用中心架来增加工件的刚性，当工件可以进行分段切削时，中心架支承在工件中间，如图3.30所示。在工件装上中心架之前，必须在毛坯中部车出一段支承中心架支承爪的沟槽，其表面粗糙及圆柱误差要小，并在支承爪与工件接触处经常加润滑油。为提高工件精度，车削前应将工件轴线调整到与机床主轴回转中心同轴。当车削支承中心架的沟槽比较困难或一些中段不需加工的细长轴时，可用过渡套筒，使支承爪与过渡套筒的外表面接触，过渡套筒的两端各装有四个螺钉，用这些螺钉夹住毛坯表面，并调整套筒外圆的轴线与主轴旋转轴线相重合。

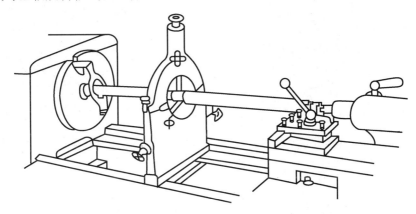

图3.30 用中心架支承车削细长轴

（2）用跟刀架支承车细长轴

对不适宜调头车削的细长轴，不能用中心架支承，而要用跟刀架支承进行车削，以增加工件的刚性，如图3.31所示。跟刀架固定在床鞍上，一般有两个支承爪，它可以跟随车刀移动，抵消径向切削力，提高车削细长轴的形状精度和减小表面粗糙度，如图3.31a所示为两爪跟刀架，因为车刀给工件的切削抗力 F_r，使工件贴在跟刀架的两个支承爪上，但由于工件本身的向下重力，以及偶然的弯曲，车削时会瞬时离开支承爪，接触支承爪时产生振动。所以比较理想的跟刀架为用三爪跟刀架，如图3.31b所示。此时，由三爪和车刀抵住工件，使之上下、左右都不能移动，车削时稳定，不易产生振动。

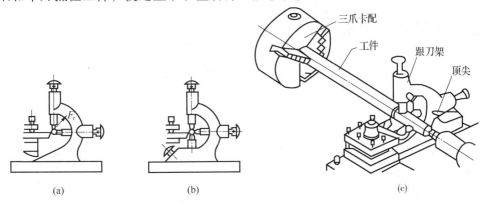

图3.31 跟刀架支承车细长轴

（a）两爪跟刀架；（b）三爪跟刀架；（c）立体图

6. 用花盘、弯板及压板、螺栓安装工件

形状不规则的工件，无法使用自定心或单动卡盘装夹工件，可用花盘装夹。花盘是安装在车床主轴上的一个大圆盘，盘面上的许多长槽用以放螺栓，工件可用螺栓直接安装在花盘上，如图3.32所示。也可以把辅助支承角铁（弯板）用螺钉牢固夹持在花盘上，工件则安装在弯板上。图3.33所示为加工一轴承座端面和内孔时，在花盘上装夹的情况。为了防止转动时因重心偏向一边而产生振动，在工件的另一边要加平衡铁。工件在花盘上的位置需经仔细找正。

图3.32　在花盘上安装零件

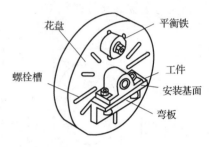

图3.33　在花盘上用弯板安装零件

【归纳总结】

通过工件安装实训，使学生掌握车床通用夹具的安装方法。

【任务评价】

本任务以掌握工件安装方法为主，主要检验学生正确选择并操作工件的安装。

项　　目	得　　分	备　　注
实习纪律		30分
工件的安装方法		30分
工件的调整方法		30分
安全操作		10分

任务4：典型表面车削

图3.34所示为传动轴，图3.35所示为齿轮毛坯，通过在车床上完成实际操作，掌握各种典型面的加工方法。

【任务引入】

车削是机器制造中最常用的一个工种，正确安装工件、选择刀具及切削用量，完成各种典型表面的加工，为正确加工机械零件打基础。

【任务分析】

本课题的任务是正确掌握车削外圆面、端面和切断等方法，为掌握车削技能打基础。

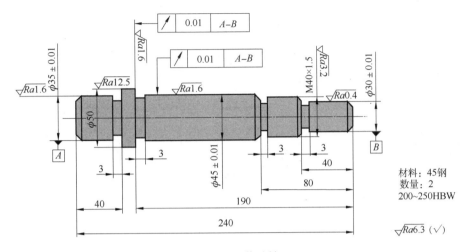

图 3.34 传动轴

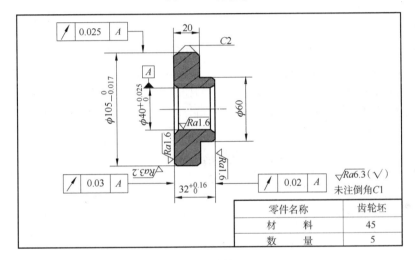

图 3.35 齿轮毛坯

【相关知识】

本任务是掌握了卧式车床的基本操作、刀具选择和刃磨和工件安装的前提下，有一定的工艺知识，通过实际练习完成。

【任务实施】

任务实施分为两步完成，第一步，单一典型表面加工，第二步机械零件加工。

1. 单一典型表面加工

（1）车外圆

1）安装工件和校正工件

安装工件的方法主要有用自定心卡盘或者单动卡盘、心轴等。校正工件的方法有划针或者百分表校正。

2）选择车刀

车外圆可用所示的各种车刀。直头车刀（尖刀）的形状简单，主要用于粗车外圆；弯头车刀不但可以车外圆，还可以车端面，加工台阶轴和细长轴则常用偏刀。

图 3.36 所示为车外圆的几种情况。

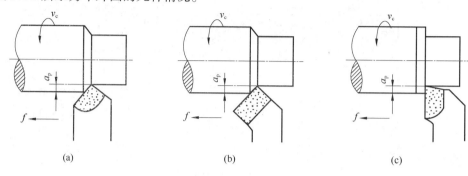

图 3.36　车外圆

3）调整车床

车床的调整包括主轴转速和车刀的进给量。主轴的转速是根据切削速度计算选取的，而切削速度的选择和工件材料、刀具材料等有关，当选择硬质合金刀时，$v = 1 \sim 3\text{m/s}$。车硬度高钢比车硬度低钢的转速低一些。根据选定的切削速度计算出车床主轴的转速，再对照车床主轴转速铭牌，选取车床上最近似计算值而偏小的一挡，然后见表 3.4 所示的手柄要求，扳动手柄即可。但特别要注意的是，必须在停车状态下扳动手柄。

表 3.4　C6132 型车床主轴转速铭牌

手柄位置		I			II		
		长手柄			长手柄		
		↖	↑	↗	↖	↑	↗
短手柄	↖	45	66	94	360	530	750
	↗	120	173	248	958	1380	1980

例如用硬质合金车刀加工直径 $D = 200\text{mm}$ 的铸铁带轮，选取的切削速度 $v = 0.9\text{m/s}$，计算主轴的转速为：

$$n = \frac{1000 \times 60 \times v}{\pi D} = \frac{1000 \times 60 \times 0.9}{3.14 \times 200}\text{r/min} \approx 99\text{r/min}$$

从主轴转速铭牌中选取偏小一档的近似值为 94r/min，即短手柄扳向左方，长手柄扳向右方，主轴箱手柄放在低速档位置 I。

进给量是根据工件加工要求确定。粗车时，一般取 $0.2 \sim 0.3\text{mm/r}$；精车时，随所需要的表面粗糙度而定。例如表面粗糙度值 $Ra3.2\mu\text{m}$ 时，选用 $0.1 \sim 0.2\text{mm/r}$；当 $Ra1.6\mu\text{m}$ 时，选用 $0.06 \sim 0.12\text{mm/r}$ 等。进给量的调整可对照车床进给量表扳动手柄位置，具体方法与调整主轴转速相似。

4）粗车和精车

车削前要试刀。

粗车的目的是尽快地切去多余的金属层，使工件接近于最后的形状和尺寸。粗车后应留下 0.5 ~ 1mm 的加工余量。

精车是切去余下少量的金属层以获得零件所求的精度和表面粗糙度，因此背吃刀量较小，约 0.1 ~ 0.2mm，切削速度则可用较高或较低速，初学者可用较低速。为了提高工件表面粗糙度，用于精车车刀的前、后刀面应采用磨石加机油磨光，有时将刀尖磨成一个小圆弧。

为了保证加工的尺寸精度，应采用试切法车削。试切法的步骤如图 3.37 所示。

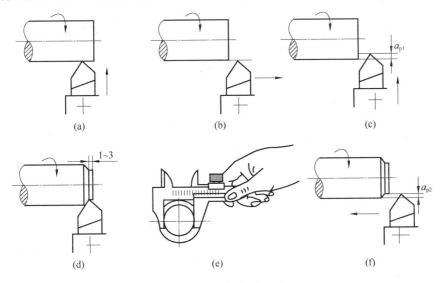

图 3.37   试切法的步骤

①开车对刀，使车刀和工件表面轻微接触。

②向右退出车刀。

③按要求横向进给 a_{p1}。

④试切 1 ~ 3mm。

⑤向右退出，停车，测量。

⑥调整切深至 a_{p2} 后，自动进给车外圆。

5）刻度盘的原理和应用

当车削工件时，为了正确迅速地控制背吃刀量，可以利用中拖板上的刻度盘。中拖板刻度盘安装在中拖板丝杠上。当摇动中拖板手柄带动刻度盘转一周时，中拖板丝杠也转了一周。这时，固定在中拖板上与丝杠配合的螺母沿丝杠轴线方向移动了一个螺距。因此，安装在中拖板上的刀架也移动了一个螺距。如果中拖板丝杠螺距为 4mm，当手柄转一周时，刀架就横向移动 4mm。若刻度盘圆周上等分 200 格，则当刻度盘转过一格时，刀架就移动了 0.02mm。

使用中拖板刻度盘控制背吃刀量时应注意的事项如下：

①由于丝杠和螺母之间有间隙存在，因此会产生空行程（即刻度盘转动，而刀架并未移动），使用时必须慢慢地把刻度盘转到所需要的位置，如图 3.38a 所示，若不慎多转过几格，不能简单地退回几格，如图 3.38b 所示，必须向相反方向退回全部空行程，再转到所需位置，如图 3.38c 所示。

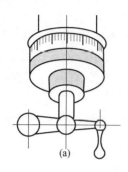

图 3.38　手柄摇过头后的纠正方法

（a）要求手柄转到 30，但转过头成 40；（b）错误：直接退至 30；

（c）正确：反转约一周后，再转至所需位置 30

②由于工件是旋转的，当使用中拖板刻度盘时，车刀横向进给后的切除量刚好是背吃刀量的两倍，因此要注意，当工件外圆余量测得后，中拖板刻度盘控制的背吃刀量是外圆余量的二分之一，而小拖板的刻度值，则直接表示工件长度方向的切除量。

6）纵向进给

当纵向进给到所需长度时，关停自动进给手柄，退出车刀，然后停车，检验。

7）车外圆时的质量分析

①尺寸不正确：原因是车削时粗心大意，看错尺寸；刻度盘计算错误或操作失误；测量时不仔细、不准确而造成的。

②表面粗糙度不符合要求：原因是车刀刃磨角度不对；刀具安装不正确或刀具磨损，以及切削用量选择不当；车床各部分间隙过大而造成的。

③外径有锥度：原因是背吃刀量过大，刀具磨损；刀具或拖板松动；用小拖板车削时转盘下基准线不对准"0"线；两顶尖车削时床尾"0"线不在轴心线上；精车时加工余量不足造成的。

（2）车端面

对工件的端面进行车削的方法叫作车端面。

端面的车削方法：当车端面时，刀具的主切削刃要与端面有一定的夹角。工件伸出卡盘外部分应尽可能短些，车削时用中拖板横向走刀，走刀次数根据加工余量而定，可采用自外向中心走刀，也可以采用自圆中心向外走刀的方法。

常用端面车削时的几种情况如图 3.39 所示。

车端面时应注意以下几点：

1）车刀的刀尖应对准工件中心，以免车出的端面中心留有凸台。

2）偏刀车端面，当背吃刀量较大时，容易扎刀。背吃刀量 a_p 的选择：粗车时 $a_p = 0.2 \sim 1\text{mm}$，精车时 $a_p = 0.05 \sim 0.2\text{mm}$。

3）端面的直径从外到中心是变化的，切削速度也在改变，在计算切削速度时必须按

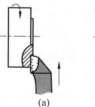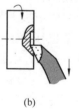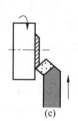

图 3.39　常用端面车削时的几种情况

（a）45°刀车端面；（b）偏刀向中心走刀车端面；

（c）偏刀向外圆走刀车端面

端面的最大直径计算。

4）车直径较大的端面时，若出现凹心或凸肚，应检查车刀和方刀架，以及大拖板是否锁紧。

车端面的质量分析如下：

①端面不平，产生凸凹现象或端面中心留"小头"。原因是车刀刃磨或安装不正确，刀尖没有对准工件中心，背吃刀量过大，车床拖板与导轨间隙过大造成的。

②表面粗糙度差。原因是车刀不锋利，手动走刀摇动不均匀或太快，自动走刀切削用量选择不当。

（3）车台阶

车削台阶的方法与车削外圆基本相同，但在车削时应兼顾外圆直径和台阶长度两个方向的尺寸要求，还必须保证台阶平面与工件轴线的垂直度要求。当车高度在5mm以下的台阶时，可用主偏角为90°的偏刀在车外圆时同时车出；当车高度在5mm以上的台阶时，应分层进行切削，如图3.40所示。

台阶长度尺寸的控制方法如下：

1）台阶长度尺寸要求较低时可直接用大拖板刻度盘控制。

2）台阶长度可用钢直尺或样板确定位置，如图3.41a、b所示。

车削时先用刀尖车出比台阶长度略短的刻痕作为加工界线，台阶的准确长度可用游标卡尺或深度游标卡尺测量。

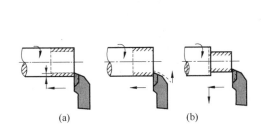

图3.40　台阶的车削

（a）车低台阶；（b）车高台阶

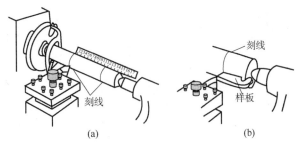

图3.41　台阶长度尺寸的控制方法

（a）用钢直尺定位；（b）用样板定位

3）台阶长度尺寸要求较高且长度较短时，可用小滑板刻度盘控制其长度。

车台阶的质量分析如下：

①台阶长度不正确、不垂直和不清晰。原因是操作粗心，测量失误，自动走刀控制不当，刀尖不锋利，车刀刃磨或安装不正确。

②表面粗糙度差。原因是车刀不锋利，手动走刀不均匀或太快，自动走刀切削用量选择不当。

（4）切槽

在工件表面上车沟槽的方法叫作切槽，槽的形状有外槽、内槽和端面槽，如图3.42所示。

1）切槽刀的选择

常选用高速钢切槽刀切槽，切槽刀的几何形状和角度如图3.43所示。

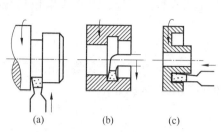

图 3.42　常用切槽的方法

（a）车外槽；（b）车内槽；（c）车端面槽

图 3.43　切槽刀的几何形状和角度

2）切槽的方法

车削精度不高的和宽度较窄的矩形沟槽，可以用刀宽等于槽宽的切槽刀，采用直进法一次车出。精度要求较高的，一般分为两次车成。车削较宽的沟槽，可用多次直进法切削（图 3.44），并在槽的两侧留一定的精车余量，然后根据槽深、槽宽精车至尺寸。

车削较小的圆弧形槽，一般用成形车刀车削。较大的圆弧槽，可用双手联动车削，用样板检查修整。

车削较小的梯形槽，一般用成形车刀完成，较大的梯形槽，通常先车直槽，然后用梯形刀直进法或左右切削法完成。

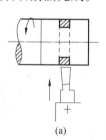
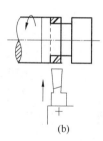
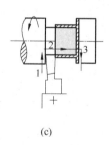

图 3.44　切宽槽

（a）第一次横向送进；（b）第二次横向送进；（c）末一次横向送进后再以纵向送进精车槽底

（5）切断

切断要用切断刀。切断刀的形状与切槽刀相似，但因刀头窄而长，很容易折断。常用的切断方法有直进法和左右借刀法两种，如图 3.45 所示。直进法常用于切断铸铁等脆性材料，左右借刀法常用于切断钢等塑性材料。

切断时应注意以下几点：

1）切断一般在卡盘上进行，如图 3.46 所示。工件的切断处应距卡盘近些，避免在顶尖安装的工件上切断。

2）切断刀刀尖必须与工件中心等高，否则切断处将剩有凸台，且刀头也容易损坏（图 3.47）。

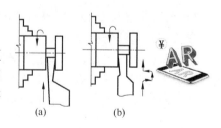

图 3.45　切断方法

（a）直进法；（b）左右借刀法

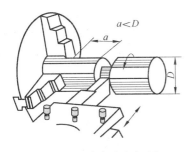

图 3.46　在卡盘上切断

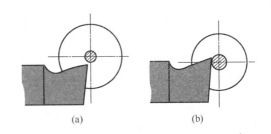

(a)　　　　　　　　(b)

图 3.47　切断刀刀尖必须与工件中心等高
（a）切断刀安装过低，不易切割；（b）切断刀安装过高，
刀具后面顶住工件，刀头易被夹断

3）切断刀伸出刀架的长度不要过长，进给要缓慢均匀。当将要切断时，必须放慢进给速度，以免刀头折断。

4）切断钢件时需要加切削液进行冷却润滑，切铸铁时一般不加切削液，但必要时可用煤油进行冷却润滑。

5）当两顶尖工件切断时，不能直接切到中心，以防车刀折断，工件飞出。

（6）车成形面

表面轴向剖面呈现曲线形特征的这些零件叫作成形面。下面介绍三种加工成形面的方法：

1）样板刀车成形面

图 3.48 所示为车圆弧的样板刀，用样板刀车成形面，其加工精度主要靠刀具保证。但要注意由于切削时接触面较大，切削抗力也大，易出现振动和工件移位。为此切削力要小些，工件必须夹紧。

这种方法生产率高，但刀具刃磨较困难，车削时容易振动。故只用于批量较大的生产中，车削刚性好、长度较短且较简单的成形面。

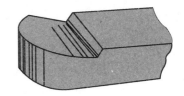

图 3.48　车圆弧的样板刀

2）用靠模车成形面

图 3.49 所示为用靠模加工手柄的成形面。此时刀架的横向滑板已经与丝杠脱开，其前端的拉杆上装有滚柱。当大拖板纵向走刀时，滚柱即在靠模的曲线槽内移动，从而使车刀刀尖也随着做曲线移动，同时用小刀架控制切削深度，即可车出手柄的成形面。这种方法加工成形面，操作简单，生产率较高，因此多用于成批生产。当靠模的槽为直槽时，将靠模扳转一定角度，即可用于车削锥度。

这种方法操作简单，生产率较高，但需制造专用靠模，故只用于大批量生产中车削长度较大、形状较为简单的成形面。

3) 手控制法车成形面

当单件加工成形面时，通常采用双手控制法车削成形面，即双手同时摇动小滑板手柄和中滑板手柄，并通过双手协调的动作，使刀尖走过的轨迹与所要求的成形面曲线相仿，如图3.50所示。

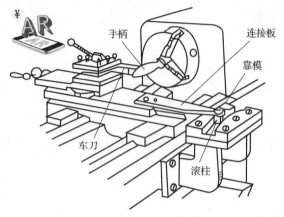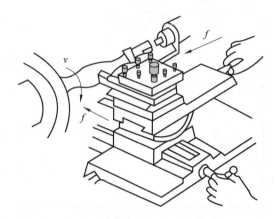

图 3.49　用靠模加工手柄的成形面　　　　图 3.50　用双手控制纵向、横向进给车成形面

这种操作技术灵活、方便。不需要其他辅助工具，但需要较高的技术水平，多用于单件、小批生产。

（7）滚花

在车床上用滚花刀滚花。各种工具和机器零件的手握部分，为了便于握持和增加美观，常常在表面上滚出各种不同的花纹，如外径千分尺的套管、铰杠扳手以及螺纹量规等。这些花纹一般是在车床上用滚花刀滚压而形成的（图3.51），花纹有直纹和网纹两种，滚花刀也分为直纹滚花刀（图3.52a）和网纹滚花刀（图3.52b、c）。滚花是用滚花刀来挤压工件，使其表面产生塑性变形而形成花纹。滚花的径向挤压力很大，因此加工时，工件的转速要低些。需要充分供给冷却润滑液，以免研坏滚花刀和防止细屑滞塞在滚花刀内而产生乱纹。

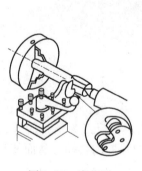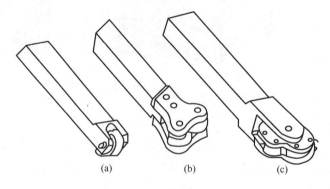

图 3.51　滚花图　　　　　　　　　　3.52　滚花刀
　　　　　　　　　　（a）直纹滚花刀；（b）两轮网纹滚花刀；（c）三轮网纹滚花刀

（8）车圆锥面

将工件车削成圆锥表面的方法称为车圆锥。常用车削锥面的方法有宽刀法、转动小刀架

法、靠模法和尾座偏移法等几种。

1）宽刀法

当车削较短的圆锥时，可以用宽刃刀直接车出，如图 3.53 所示。其工作原理实质上是属于成形法，所以要求切削刃必须平直，切削刃与主轴轴线的夹角应等于工件圆锥半角 $\alpha/2$。同时要求车床有较好的刚性，否则易引起振动。当工件的圆锥斜面长度大于切削刃长度时，可以用多次接刀方法加工，但接刀处必须平整。

2）转动小刀架法

当加工锥面不长的工件时，可用转动小刀架法车削。车削时，将小滑板下面的转盘上螺母松开，把转盘转至所需要的圆锥半角 $\alpha/2$ 的刻线上，与基准零线对齐，然后固定转盘上的螺母，如果锥角不是整数，可在附近估计一个值，试车后逐步找正，如图 3.54 所示。

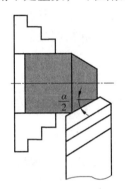

图 3.53　用宽刃刀车削圆锥

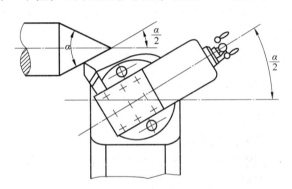

图 3.54　转动小滑板车圆锥

3）尾座偏移法

当车削锥度小，锥形部分较长的圆锥面时，可以用偏移尾座的方法，此方法可以自动走刀，缺点是不能车削整圆锥和内锥体，以及锥度较大的工件。将尾座上滑板横向偏移一个距离 s，使偏位后两顶尖连线与原来两顶尖中心线相交一个 $\alpha/2$ 角度，尾座的偏向取决于工件大小头在两顶尖间的加工位置。尾座的偏移量与工件的总长有关，如图 3.55 所示。

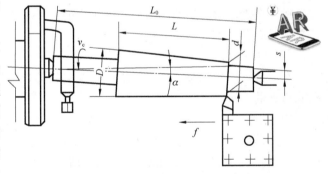

图 3.55　偏移尾座法车削圆锥

尾座偏移量可用下列公式计算：

$$s = \frac{D - d}{2L}L_0$$

式中　s——尾座偏移量；

L——工件锥体部分长度；

L_0——工件总长度；

D、d——锥体大头直径和锥体小头直径。

床尾的偏移方向，由工件的锥体方向决定。当工件的小端靠近床尾处，床尾应向里移动，反之，床尾应向外移动。

4）靠模法

如图3.56所示，靠模板装置是车床加工圆锥面的附件。对于较长的外圆锥和圆锥孔，当其精度要求较高而批量又较大时常采用这种方法。

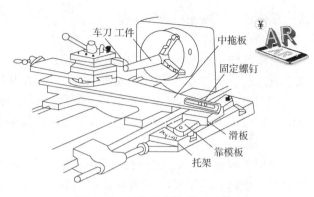

图3.56 用靠模板车削圆锥面

车圆锥体的质量分析如下：

①锥度不准确

原因是计算上的误差；小拖板转动角度和床尾偏移量偏移不精确；或者是车刀、拖板和床尾没有固定好，在车削中移动而造成。甚至因为工件的表面粗糙度太差，量规或工件上有飞边或没有擦干净，而造成检验和测量的误差。

②锥度准确而尺寸不准确

原因是粗心大意，测量不及时不仔细，进给量控制不好，尤其是最后一刀没有掌握好进给量而造成误差。

③圆锥母线不直

圆锥母线不直是指锥面不是直线，锥面上产生凹凸现象或是中间低、两头高。主要原因是车刀安装没有对准中心。

④表面粗糙度不合要求

配合锥面一般精度要求较高，表面粗糙度不高，往往会造成废品，因此一定要注意。造成表面粗糙度差的原因是切削用量选择不当，车刀磨损或刃磨角度不对。没有进行表面抛光或者抛光余量不够。当用小拖板车削锥面时，手动走刀不均匀，另外机床的间隙大，工件刚性差也是会影响工件的表面粗糙度。

（9）孔加工

车床上可以用钻头、镗刀、扩孔钻头、铰刀进行钻孔、镗孔、扩孔和铰孔。下面介绍钻孔和镗孔的方法。

1）钻孔

利用钻头将工件钻出孔的方法称为钻孔。钻孔的公差等级为IT10以下，表面粗糙度值$Ra12.5\mu m$，多用于粗加工孔。在车床上钻孔如图3.57所示，工件装夹在卡盘上，钻头安装在尾座套筒锥孔内。钻孔前先车平端面并车出一个中心孔或先用中心钻钻中心孔作为引导。钻孔时，摇动尾座手轮使钻头缓慢进给，注意经常退出钻头排屑。钻孔进给不能过猛，以免折断钻头。钻钢料时应加切削液。

钻孔注意事项如下：

①起钻时进给量要小，待钻头头部全部进入工件后，才能正常钻削。

②当钻钢件时，应加切削液，防止因钻头发热而退火。

③当钻小孔或钻较深孔时，由于铁屑不易排出，必须经常退出排屑，否则会因铁屑堵塞而使钻头"咬死"或折断。

④当钻小孔时，车头转速应选择快些，钻头的直径越大，钻速应相应更慢。

⑤当钻头将要钻通工件时，由于钻头横刃首先钻出，因此轴向阻力大减，这时进给速度必须减慢，否则钻头容易被工件卡死，造成锥柄在床尾套筒内打滑而损坏锥柄和锥孔。

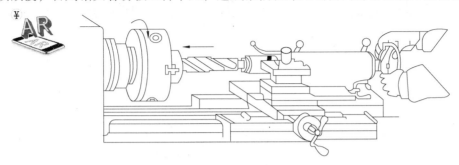

图3.57 在车床上钻孔

2) 镗孔

在车床上对工件的孔进行车削的方法叫作镗孔（又叫作车孔），镗孔可以作为粗加工，也可以作为精加工。镗孔分为镗通孔和镗不通孔，如图3.58所示。镗通孔基本上与车外圆相同，只是进刀和退刀方向相反。粗镗和精镗内孔时也要进行试切和试测，其方法与车外圆相同。注意通孔镗刀的主偏角为45°~75°，不通孔车刀主偏角为大于90°。

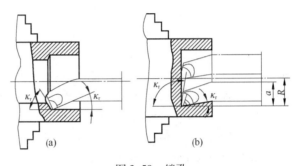

图3.58 镗孔
(a) 镗通孔；(b) 镗不通孔

3) 车内孔时的质量分析

①尺寸精度达不到要求

a. 孔径大于要求尺寸：原因是镗孔刀安装不正确，刀尖不锋利，小拖板下面转盘基准线未对准"0"线，孔偏斜、跳动，测量不及时。

b. 孔径小于要求尺寸：原因是刀杆细造成"让刀"现象，塞规磨损或选择不当，铰刀磨损以及车削温度过高。

②几何精度达不到要求

a. 内孔呈多边形：原因是车床齿轮咬合过紧，接触不良，车床各部间隙过大造成的，薄壁工件装夹变形也是会使内孔呈多边形。

b. 内孔有锥度在：原因是主轴中心线与导轨不平行，使用小拖板时基准线不对，切削量过大或刀杆太细造成"让刀"现象。

c. 表面粗糙度达不到要求：原因是切削刃不锋利，角度不正确，切削用量选择不当，切削液不充分。

(10) 车螺纹

将工件表面车削成螺纹的方法称为车螺纹。螺纹按牙型分为三角形螺纹、梯形螺纹、矩形螺纹等（图3.59），其中普通公制三角形螺纹应用最广。

1) 普通三角形螺纹的基本牙型

普通三角形螺纹的基本牙型如图3.60所示，各基本尺寸的名称如下：

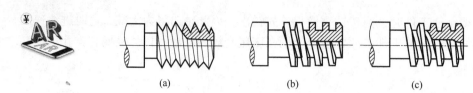

图 3.59　螺纹的种类

（a）三角形螺纹；（b）矩形螺纹；（c）梯形螺纹

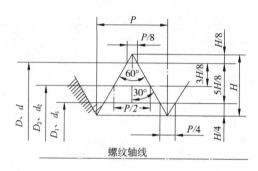

图 3.60　普通三角形螺纹的基本牙型

D—内螺纹大径（公称直径）；d—外螺纹大径（公称直径）；D_2—内螺纹中径；d_2—外螺纹中径；

D_1—内螺纹小径；d_1—外螺纹小径；P—螺距；H—原始三角形高度

决定螺纹的基本要素有如下三个：

①螺距 P 螺纹轴向剖面内螺纹两侧面的夹角。

②牙型角 α 是沿轴线方向上相邻两牙间对应点的距离。

③螺纹中径 D_2（d_2）是螺纹理论高度 H 的一个假想圆柱体的直径。在中径处的螺纹牙厚和槽宽相等。只有内外螺纹中径都一致时，两者才能很好地配合。

2）车削外螺纹的方法与步骤

①准备工作

a. 当安装螺纹车刀时，车刀的刀尖角等于螺纹牙型角 $\alpha = 60°$，其前角 $\gamma_o = 0°$ 才能保证工件螺纹的牙型角，否则牙型角将产生误差。只有粗加工时或螺纹精度要求不高时，其前角可取 $\gamma_o = 5° \sim 20°$。安装螺纹车刀时刀尖对准工件中心，并用样板对刀，以保证刀尖角的角平分线与工件的轴线相垂直，车出的牙型角才不会偏斜，如图 3.61 所示。

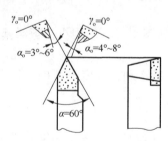
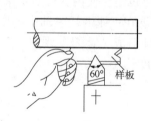

图 3.61　螺纹车刀几何角度与用样板对刀

b. 按螺纹规格车螺纹外圆，并按所需长度刻出螺纹长度终止线。先将螺纹外径车至尺寸，然后用刀尖在工件上的螺纹终止处刻一条微可见线，以它作为车螺纹的退刀标记。

c. 根据工件的螺距 P，查机床上的标牌，然后调整进给箱上的手柄位置及配换交换齿轮箱齿轮的齿数，以获得所需要的工件螺距。

d. 确定主轴转速。初学者应将车床主轴转速调到最低速。

②车螺纹的方法和步骤

a. 确定车螺纹切削深度的起始位置，将中滑板刻度调到零位，开车，使刀尖轻微接触工件表面，然后迅速将中滑板刻度调至零位，以便于进刀记数。

b. 试切第一条螺旋线并检查螺距。将床鞍摇至离工件端面 8～10 牙处，横向进刀 0.05mm 左右。开车，合上开合螺母，在工件表面车出一条螺旋线，至螺纹终止线处退出车刀，开反车把车刀退到工件右端；停车，用钢直尺检查螺距是否正确，如图 3.62a 所示。

c. 用刻度盘调整背吃刀量，开始车削，如图 3.62d 所示。螺纹的总背吃刀量 a_p 与螺距的关系按经验公式 $a_p \approx 0.65P$，每次的背吃刀量约 0.1mm 左右。

d. 当车刀将至终点时，应做好退刀停车准备，先快速退出车刀，然后开反车退出刀架。如图 3.62e 所示。

e. 再次横向进刀，继续切削至车出正确的牙型，如图 3.62 所示。

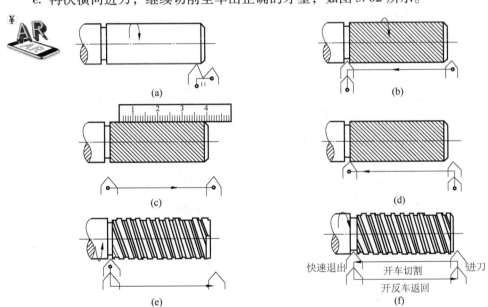

图 3.62　螺纹切削方法与步骤

（a）开车，使车刀与工件轻度接触，记下刻度盘读数，向右退出车刀；（b）合上开合螺母，在工件表面车出一条螺纹线。横向退出车刀，停车；（c）开反车使车刀退到工件右端，停车。用钢直尺检查螺距是否正确；（d）利用刻度盘调整切削深度。开车切割。车钢料时加机油润滑；（e）当车刀降至行程终了时，应做好退刀停车准备。应快速退出车刀，然后停车，开反车退回刀架；（f）再次横向切入，继续刀割。其切割过程的路线如图所示

3）螺纹车削注意事项

①注意和消除拖板的"空行程"。

②避免"乱扣"。当第一条螺旋线车好以后，第二次进刀后车削，刀尖不在原来的螺旋线（螺旋桩）中，而是偏左或偏右，甚至车在牙顶中间，将螺纹车乱这个现象就叫作"乱扣"。

预防"乱扣"的方法是采用倒顺（正反）车法车削。在角左右切削法车削螺纹时小拖板移动距离不要过大，若车削途中刀具损坏需重新换刀或者无意提起开合螺母时，应注意及时对刀。

③对刀：对刀前先要安装好螺纹车刀，然后按下开合螺母，开止车（注意应该是空走刀）停车，移动中、小拖板使刀尖准确落入原来的螺旋槽中（不能移动大拖板），同时根据所在螺旋槽中的位置重新做中拖板进刀的记号，再将车刀退出，开倒车，将车退至螺纹头部，再进刀……对刀时一定要注意是正车对刀。

④借刀：借刀就是螺纹车削定深度后，将小拖板向前或向后移动一点距离再进行车削，借刀时注意小拖板移动距离不能过大，以免将牙槽车宽造成"乱扣"。

⑤当使用两顶尖装夹方法车螺纹时，工件卸下后再重新车削时，应该先对刀，后车削以免"乱扣"。

⑥安全注意事项如下：

a. 车螺纹前先检查好所有手柄是否处于车螺纹位置，防止盲目开车。

b. 车螺纹时要思想集中，动作迅速，反应灵敏。

c. 当用高速钢车刀车螺纹时，车头转速不能太快，以免刀具磨损。

d. 要防止车刀或者是刀架、拖板与卡盘、床尾相撞。

e. 当旋螺母时，应将车刀退离工件，防止车刀将手划破，不要开车旋紧或者退出螺母。

4）车外螺纹的质量分析

车削螺纹时产生废品的原因及预防方法见表3.5。

表3.5　车削螺纹时产生废品的原因及预防方法

废品种类	产生原因	预防方法
尺寸不正确	车外螺纹前的直径不对 车内螺纹前的孔径不对 车刀刀尖磨损 螺纹车刀切深过大或过小	根据计算尺寸车削外圆与内孔 经常检查车刀并及时修磨 车削时严格掌握螺纹切入深度
螺纹不正确	交换齿轮在计算或搭配时错误 进给箱手柄位置放错 车床丝杠和主轴窜动 开合螺母塞铁松动	车削螺纹时先车出很浅的螺旋线检查螺距是否正确 调整好开合螺母塞铁，必要时在手柄上挂上重物 调整好车床主轴和丝杠的轴向窜动量
牙型不正确	车刀安装不正确，产生半角误差 车刀刀尖角刃磨不正确 刀具磨损	用样板对刀 正确刃磨和测量刀尖角 合理选择切削用量及及时修磨车刀
螺纹表面粗糙	切削用量选择不当 切屑流出方向不对 产生积屑瘤拉毛螺纹侧面 刀杆刚性不够产生振动	高速钢车刀车螺纹的切削速度不能太大，切削厚度应小于0.06mm，并加切削液 当硬质合金车刀高速车螺纹时，最后一刀的切削厚度要大于0.1mm，切屑要垂直于轴心线方向排出 刀杆不能伸出过长，并选粗壮刀杆
扎刀和顶弯工件	车刀径向前角太大 工件刚性差，而切削用量选择太大	减小车刀径向前角，调整中滑板丝杆螺母间间隙 合理选择切削用量，增加工件装夹刚性

2. 零件车削

1）轴类零件车削

为了进行科学的管理，在生产过程中，常把合理的工艺过程中的各项内容，编写成文件来指导生产。这类规定产品或零部件制造工艺过程和操作方法等的工艺文件叫作工艺规程。一个零件可以用几种不同的加工方法制造，但在一定条件下只有某一种方法是较合理的。一般主轴类零件的加工工艺路线为：

下料—锻造—退火（正火）—粗加工—调质—半精加工—淬火—粗磨—低温时效—精磨。

例如图 3.34 所示的传动轴，由外圆、轴肩、螺纹及螺纹退刀槽和砂轮越程槽等组成。中间一档外圆及轴肩一端面对两端轴颈有较高的位置精度要求，且外圆的表面粗糙度 Ra 值为 $0.8 \sim 0.4\mu m$，此外，该传动轴与一般重要的轴类零件一样，为了获得良好的综合力学性能，需要进行调质处理。

在轴类零件中，对于光轴或在直径相差不大的台阶轴，多采用圆钢为坯料；对于直径相差悬殊的台阶轴，采用锻件可节省材料和减少机加工工时。因该轴各外圆直径尺寸悬殊不大，且数量少，可选择 $\phi55$ 的圆钢为毛坯。

根据传动轴的精度和力学性能要求，可确定加工顺序为：粗车 - 调质 - 半精车 - 磨削。

由于粗车时加工余量多，切削力较大，且粗车时各加工面的位置精度要求低，故采用一夹一顶安装工件。如车床上主轴孔较小，粗车 $\phi35$ 一端时也可只用自定心卡盘装夹粗车后的 $\phi45$ 外圆；当半精车时，为保证各加工面的位置精度，以及与磨削采用统一的定位基准，减少重复定位误差，使磨削余量均匀，保证磨削加工质量，故采用两顶尖安装工件。

传动轴的加工工艺见表 3.6。

表 3.6　传动轴的加工工艺

序号	工种	加工简图	加工内容	刀具或工具	安装方法
1	下料		下料 $\phi55mm \times 245mm$		
2	车	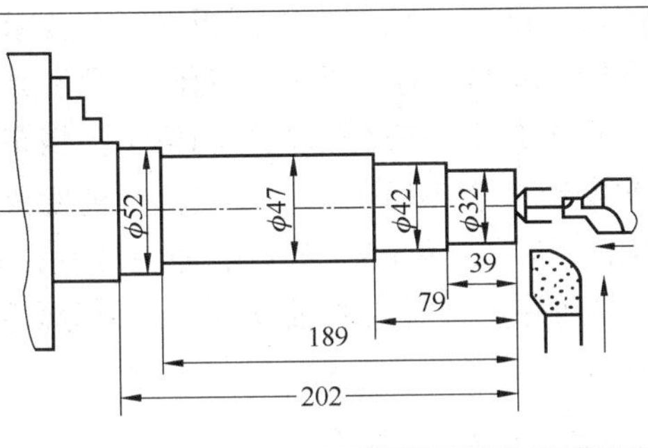 $\phi52$ $\phi47$ $\phi42$ $\phi32$ 39 79 189 202	夹持 $\phi55mm$ 外圆：车端面见平，钻中心孔 $\phi2.5mm$；用尾座顶尖顶住工件 粗车外圆 $\phi52mm \times 202mm$ 粗车 $\phi45mm$、$\phi40mm$、$\phi30mm$ 各外圆；直径留余量 2mm，长度留余量 1mm	中心钻右偏刀	自定心卡盘顶尖
3	车	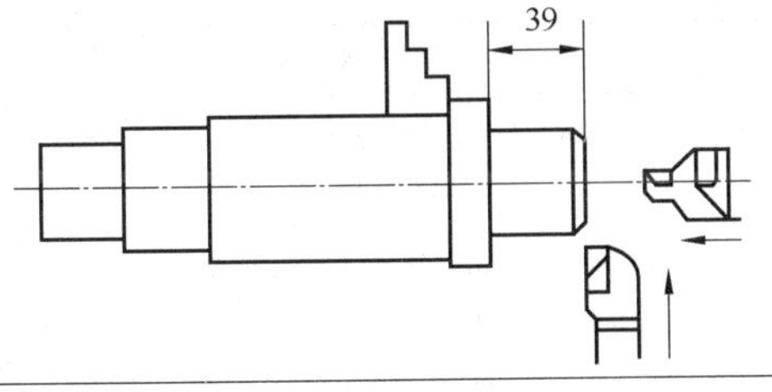 39	夹持 $\phi47mm$ 外圆：车另一端面，保证总长 240mm；钻中心孔 $\phi2.5mm$；粗车 $\phi35mm$ 外圆，直径留余量 2mm，长度留余量 1mm	中心钻右偏刀	自定心卡盘
4	热处理		调质 $220 \sim 250HBW$	钳子	

（续）

序号	工种	加工简图	加工内容	刀具或工具	安装方法
5	车		修研中心孔	四棱顶尖	自定心卡盘
6	车		用卡箍夹 B 端： 精车 $\phi50$mm 外圆至尺寸 精车 $\phi35$mm 外圆至尺寸 切槽，保证长度 40mm 倒角	右偏刀 切槽刀	双顶尖
7	车		用卡箍夹 A 端： 精车 $\phi45$mm 外圆至尺寸 精车 M40 大径为 $\phi40^{-0.1}_{-0.2}$mm 外圆至尺寸 精车 $\phi30$mm 外圆至尺寸 切槽三个，分别保证长度 190mm、80mm 和 40mm 倒角三个 车螺纹 M40×1.5mm	右偏刀 切槽刀 螺纹刀	双顶尖
8	磨		外圆磨床，磨 $\phi30$mm、$\phi45$mm 外圆	砂轮	双顶尖

2）盘套类零件车削

盘套类零件主要由孔、外圆与端面所组成。除尺寸精度、表面粗糙度有要求外，其外圆对孔有径向圆跳动的要求，端面对孔有轴向圆跳动的要求。保证径向圆跳动和轴向圆跳动是制订盘套类零件的工艺要重点考虑的问题。在工艺上一般分为粗车和精车。精车时，尽可能把有位置精度要求的外圆、孔和端面在一次安装中全部加工完。若有位置精度要求的表面不可能在一次安装中完成时，通常先把孔做出，然后以孔定位上心轴加工外圆或端面（有条件也可在平面磨床上磨削端面）。其安装方法和特点参看用心轴安装工件部分。图 3.35 所示为盘套类齿轮坯的零件图，其加工顺序见表 3.7。

表 3.7 盘套类零件加工工艺

加工顺序	加工简图	加工内容	安装方法
1		下料 $\phi110$mm×36mm	
2		夹 $\phi110$mm 外圆，长 20mm 车端面见平 车外圆 $\phi63$mm×10mm	三爪

（续）

加工顺序	加工简图	加工内容	安装方法
3	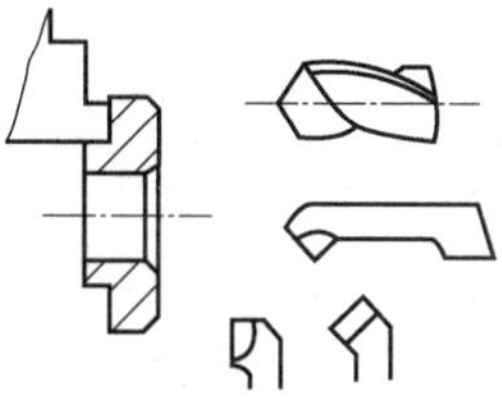	夹 ϕ63mm 外圆，粗车端面见平，外圆至 ϕ107mm 钻孔 ϕ36mm 粗精镗孔 ϕ40mm 至尺寸 精车端面，保证总长 33mm 精车外圆 ϕ105mm 至尺寸 倒内角 C1、外角 C2	三爪
4	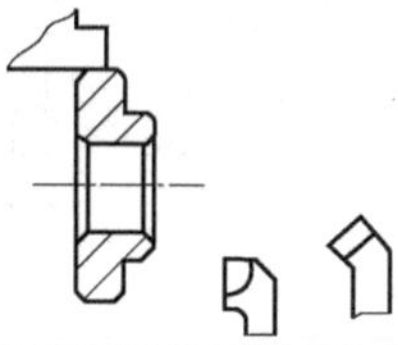	夹 ϕ105mm 外圆、缠铜皮、找正 精车台肩面保证长度 20mm 车小端面，总长 32.3mm 精车外圆 ϕ60mm 至尺寸 倒内角 C1，外角 C1、C2	三爪
5	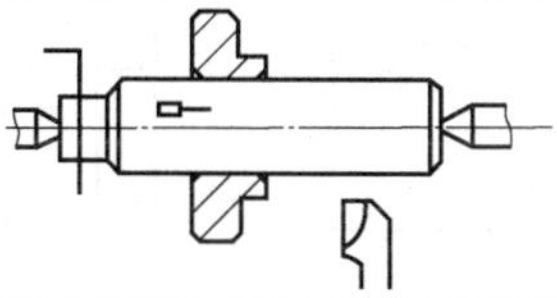	精车小端面 保证总长 32mm	顶尖 卡箍 锥度心轴

3）车削加工对零件结构工艺性的要求举例

在诸多需要进行切削加工的零件中，半数以上需要采用车削加工。在设计这些零件的结构时，除满足零件的使用要求外，还应充分重视零件的车削加工工艺性，否则将会导致加工困难、成本提高、工期延长，甚至无法加工。车削加工对零件结构工艺性的要求举例见表3.8，通过图例与说明，可了解车削加工工艺性的部分内容。

表3.8 车削加工对零件结构工艺性的要求举例

类别	图例		说明
	结构工艺性差	结构工艺性好	
刚度	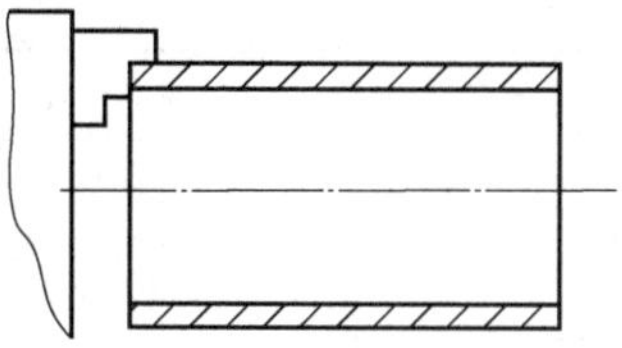	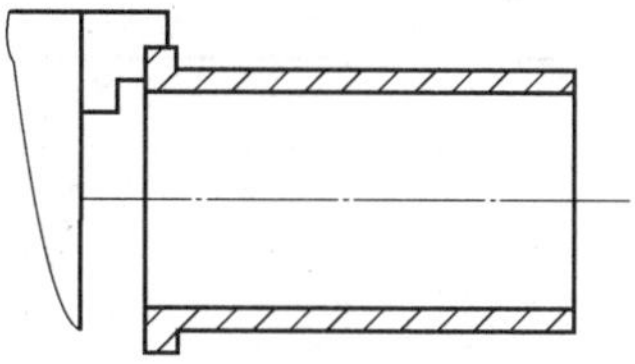	薄壁套筒受夹紧力极易变形，如在一端加上凸缘可增加一定的刚度
尽量采用通用夹具安装	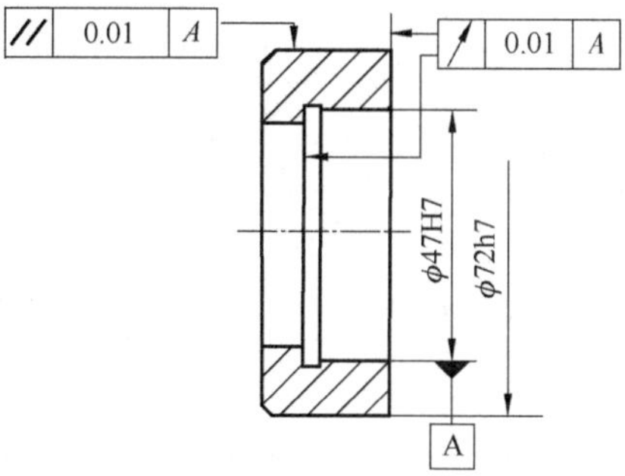	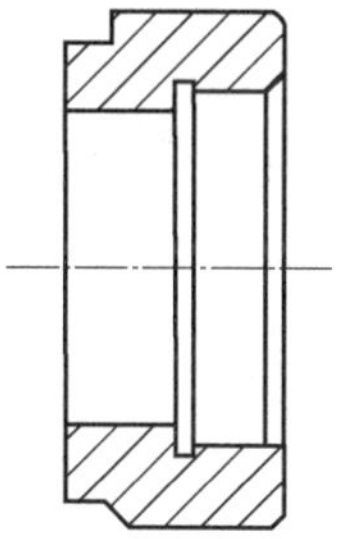	位置精度要求较高的零件，最好在一次安装中全部加工完毕。右图增设一台阶后即可用自定心卡盘安装且能一次加工完毕

（续）

类别	图例		说明
	结构工艺性差	结构工艺性好	
尽量采用通用夹具安装	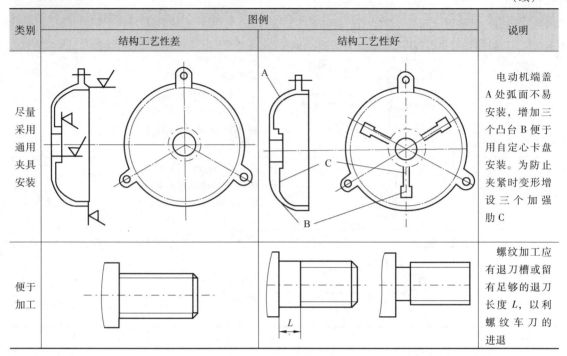		电动机端盖 A 处弧面不易安装，增加三个凸台 B 便于用自定心卡盘安装。为防止夹紧时变形增设三个加强肋 C
便于加工			螺纹加工应有退刀槽或留有足够的退刀长度 L，以利螺纹车刀的进退

【归纳总结】

通过对不同表面的车削实训，学生能根据具体情况正确选用车刀，正确安装工件，正确选用切削用量。

【任务评价】

本任务以掌握典型零件的车削工艺为主，主要检验学生掌握正确选用车刀、安装工件和正确选择切削用量的方法。

项　目	得　分	备　注
实习纪律		30 分
车外圆		10 分
车端面		5 分
车台阶		10 分
切槽、切断		10 分
滚花		5 分
车锥面		10 分
镗孔		10 分
安全操作		10 分

任务5：榔头柄车削工艺

为了让学生掌握车工的基本操作技能，设计了一个车工实习产品鸭嘴锤手柄，如图 3.63 所示。

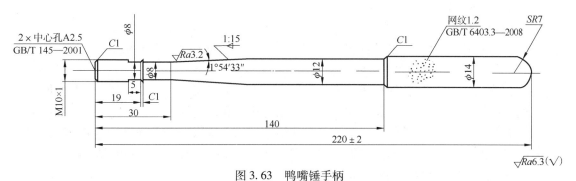

图 3.63　鸭嘴锤手柄

【任务引入】

车削加工是机器制造中最常用的加工方法之一。本任务通过对榔头柄的加工，掌握轴类零件正确加工方法。

【任务分析】

本任务是榔头柄的加工，该零件有外圆、端面、锥面、切槽、切断、车外螺纹和滚花等多种表面的加工，为掌握车削技能打基础。

【相关知识】

本任务是在掌握了卧式车床的基本操作、刀具选择和刃磨和工件安装的前提下，具备一定的工艺知识，通过各种典型表面实际操作，能在熟练操作车床的基础上，首先编制工艺规程，再操作完成。

为了进行科学的管理，在生产过程中，常把合理的工艺过程中的各项内容，编写成文件来指导生产。这类规定产品或零部件制造工艺过程和操作方法等的工艺文件叫作工艺规程。一个零件可以用几种不同的加工方法制造，但在一定条件下只有某一种方法是较合理的。一般主轴类零件的加工工艺路线为：

下料—锻造—退火（正火）—粗加工—调质—半精加工—淬火—粗磨—低温时效—精磨。

【任务实施】

熟悉产品图样（如附图所示）、零件加工尺寸精度要求，编制加工工艺路线，选择刀具、基准、夹具、量具和切削用量。

1. 加工表面及技术要求

手柄由外圆柱面（$\phi14$mm、$\phi12$mm、$\phi8$mm）、圆锥面（1:15 圆锥面）、退刀槽（$\phi8$mm×

5mm、ϕ8mm×10mm）、螺纹（M10×1mm）、倒角 $C1$、中心孔（2×中心孔 A2.5 GB/T 145—2001）、半球面（$SR7$）和外圆滚花（网纹 1.2 GB/T 6403.3—2008）组成，粗糙度 $Ra3.2\mu m$、$Ra6.3\mu m$，材料为 45 钢的 ϕ18mm 棒料。

为了便于加工螺纹（M10×1mm）时退刀，毛坯料要预留 10mm 作为退刀工艺凸台用。

由于实习学生初次操作机床，加工精度放低要求，外圆公差定为 ±0.3mm 和 $^{0}_{-0.2}$mm，长度公差定为 ±2mm 和 ±0.5mm。

2. 零件毛坯

椰头柄是轴类零件，因各外圆相差不大，因此选直径为 16mm 的棒料。

3. 工艺准备

此实习产品主要由回转面构成，供实习学生作为车加工练习，逐步掌握常用车削加工方法。学会选择刀具、量具、夹具、加工基准、工艺路线和编制加工工艺。使用刀具有：中心钻、45°端面车刀、90°外圆车刀、切槽刀、外螺纹车刀、圆弧车刀和滚花刀。使用量具有：钢直尺、游标卡尺、螺纹规对刀样板、圆弧样板规。使用夹具有：自定心卡盘、尾座顶尖。

涉及的车削加工结构工艺性知识如下：

退刀槽 ϕ8mm×5mm 是为了便于加工螺纹（M10×1mm）时退刀，退刀槽 ϕ8mm×10mm 是为了便于车锥面（1∶15 圆锥面）时退刀，工艺凸台（ϕ8mm±0.3mm）×（10mm±0.5mm）是为了便于加工螺纹（M10×1mm）时退刀，3 处 $C1$ 倒角是为了消除锐角毛边。

4. 工艺规程制订

工艺路线拟定为：车端面（钻中心孔）—车外圆—切退刀槽、车螺纹—车锥面—切工艺凸台—车成形面（半球面）—滚花。

工序分为如下：

①车两端面，保证总长（230±2）mm，钻两端中心孔

刀具选择：45°端面车刀、ϕ2.5mm 中心钻

基准选择：选外圆（ϕ18mm）毛坯面为粗基准，伸出长度为 50mm

夹具选择：自定心卡盘、掉头装夹

量具选择：长度 300mm 的钢直尺

切削用量选择：查阅《金属切削手册》，主轴转速 $n=530$r/min，进给量 f 粗车时选 0.2～0.3mm/r，精车时选 0.1～0.2mm/r，背吃刀量 $a_p=0.5$mm，手动进刀练习

②车外圆（ϕ14mm±0.3mm）×（90mm±2mm）

刀具选择：90°外圆车刀

基准选择：选外圆（ϕ18mm）毛坯面为粗基准，伸出长度为 120mm

夹具选择：自定心卡盘、尾座顶尖（一夹一顶装夹）

量具选择：150mm 游标卡尺

切削用量选择：查阅《金属切削手册》，主轴转速 $n=530$r/min，进给量 f 粗车时选 0.2～0.3mm/r，精车时选 0.1～0.2mm/r，背吃刀量 $a_p=0.5$mm，手动进刀练习

③车外圆（ϕ12mm±0.3mm）×（150mm±1mm），倒角 $C1$

刀具选择：90°外圆车刀、45°倒角车刀

基准选择：选外圆 ϕ14mm±0.3mm 为基准，伸出长度为 170mm

夹具选择：自定心卡盘、尾座顶尖（一夹一顶装夹）

量具选择：150mm 游标卡尺

切削用量选择：查阅《金属切削手册》，主轴转速 $n = 530$r/min，进给量 f 粗车时选 0.2 ~ 0.3mm/r，精车时选 0.1 ~ 0.2mm/r，背吃刀量 $a_p = 0.5$mm，手动进刀练习

④车外圆 $\phi 10_{-0.2}^{\ 0}$mm × （40mm ± 0.5mm）、（$\phi 8$mm ± 0.3mm） × （10mm ± 0.5mm），并倒角 $C1$

刀具选择：90°外圆车刀、45°倒角车刀

基准选择：选粗车外圆 $\phi 12$mm ± 0.3mm 和中心孔为基准，一夹一顶装夹，伸出长度为 60mm

夹具选择：自定心卡盘、尾座顶尖（一夹一顶装夹）

量具选择：150mm 游标卡尺

切削用量选择：查阅《金属切削手册》，主轴转速 $n = 530$r/min，进给量 f 粗车时选 0.2 ~ 0.3mm/r，精车时选 0.1 ~ 0.2mm/r，背吃刀量 $a_p = 0.5$mm，自动进刀练习

⑤切两槽 $\phi 8$mm × 5mm、$\phi 8$mm × （10mm ± 0.5mm），车螺纹 M10 × 1mm，并倒角 $C1$

刀具选择：切槽刀、外螺纹车刀、45°倒角车刀

基准选择：选粗车外圆 $\phi 12$mm ± 0.3mm 和中心孔为基准，一夹一顶装夹，伸出长度为 80mm

夹具选择：自定心卡盘、尾座顶尖（一夹一顶装夹）

量具选择：150mm 游标卡尺、螺纹规对刀样板

切削用量选择：查阅《金属切削手册》，切槽时，主轴转速 $n = 360$r/min，进给量 f 粗车时选 0.2 ~ 0.3mm/r，粗车后留 0.5 ~ 1mm 精车余量，精车时进给量 f 选 0.1 ~ 0.2mm/r，背吃刀量 a_p 粗车选 0.5mm，精车选 0.1 ~ 0.2mm，车螺纹 M10 × 1mm 时，主轴转速 $n = 45$r/min，背吃刀量 $a_p = 0.5$mm

⑥车锥面 1:15（锥角 1°54′33″）

刀具选择：90°外圆车刀

基准选择：选粗车外圆 $\phi 12$mm ± 0.3mm 和中心孔为基准，一夹一顶装夹，伸出长度为 100mm

夹具选择：自定心卡盘、尾座顶尖（一夹一顶装夹）

量具选择：150mm 游标卡尺

切削用量选择：查阅《金属切削手册》，主轴转速 $n = 530$r/min，进给量 f 粗车时选 0.2 ~ 0.3mm/r，精车时选 0.1 ~ 0.2mm/r，背吃刀量 $a_p = 0.5$mm，手动进刀练习

⑦切工艺凸台（$\phi 8$mm ± 0.3mm） × （10mm ± 0.5mm）

刀具选择：切槽刀

基准选择：选粗车外圆 $\phi 12$mm ± 0.3mm 和中心孔为基准，一夹一顶装夹，伸出长度为 70mm

量具选择：150mm 游标卡尺

夹具选择：自定心卡盘

切削用量选择：查阅《金属切削手册》，主轴转速 $n = 530$r/min，背吃刀量 $a_p = 0.5$mm，手动进刀练习

⑧车成形面

刀具选择：圆弧车刀

基准选择：选粗车外圆 $\phi 14\text{mm} \pm 0.3\text{mm}$ 为基准

量具选择：150mm 游标卡尺、圆弧样板规

夹具选择：自定心卡盘

切削用量选择：查阅《金属切削手册》，主轴转速 $n = 530\text{r/min}$，背吃刀量 $a_p = 0.5\text{mm}$，手动进刀练习

⑨滚花

刀具选择：滚花刀

基准选择：选粗车外圆 $\phi 12\text{mm} \pm 0.3\text{mm}$ 和中心孔为基准，一夹一顶装夹，伸出长度为 100mm

夹具选择：自定心卡盘、尾座顶尖（一夹一顶装夹）

切削用量选择：查阅《金属切削手册》，主轴转速 $n = 45\text{r/min}$，背吃刀量 $a_p = 0.2\text{mm}$，手动进刀练习

综合上述分析，编制出手柄加工工艺卡，见表3.9。

表 3.9　手柄加工工艺卡

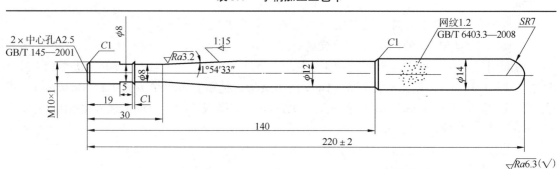

	手柄		比例		
			材料	45	
设计	陶世钊	2001.2.17	湖北工业大学		
审核	林松	2001.2.17	工程实训中心		

工序	刀、量具	加工简图	加工说明
（1）车端面	45°端面车刀 $\phi 2.5\text{mm}$ 中心钻 钢直尺	50 $\phi 18$　230±2	三爪夹紧，车两端面，两端钻中心孔，保证长度为（230±2）mm n（530r/min，$t = 0.5\text{mm}$，手走刀
（2）车外圆	90°外圆车刀 游标卡尺	120 90±2 $\phi 14_{-0.3}^{0}$	顶尖顶中心孔，三爪夹紧，车外圆 $\phi 14\text{mm} \pm 0.3\text{mm}$，长度为（90±2）mm $n = 530\text{r/min}$，$t = 0.5\text{mm}$，手走刀
（3）车外圆	90°外圆车刀 游标卡尺	60　C1 150±1 $\phi 12_{-0.3}^{0}$	调头顶尖顶中心孔，三爪夹紧，车外圆 $\phi 12\text{mm} \pm 0.3\text{mm}$，长度为（150±1）mm，并倒角 C1 $n = 530\text{r/min}$，$t = 0.5\text{mm}$，手走刀

（续）

工序	刀、量具	加工简图	加工说明
（4）车外圆	90°外圆车刀 游标卡尺		三爪夹紧，车外圆 $\phi10_{-0.2}^{0}$ mm，长度为（40±0.5）mm，再车 $\phi8$ mm±0.3 mm，长度为（10±0.5）mm，并倒角 C1 $n=530$ r/min，$t=0.5$ mm，手走刀
（5）切槽 车螺纹 （选修）	切槽刀 外螺纹车刀 游标卡尺 螺纹规 对刀样板		顶中心孔，三爪夹紧，切两槽，并倒角（见零件图），$n=360$ r/min，$t=0.5$ mm，手走刀 再车螺纹 M10×1，$n=45$ r/min，$t=0.5$ mm，自动走刀
（6）车锥圆	90°外圆车刀 游标卡尺		顶尖顶中心孔，三爪夹紧，车 1:15 锥面，长度为30 mm，斜角 1°54′33″ $n=530$ r/min，$t=0.5$ mm，手走刀
（7）切工艺凸台	45°外圆车刀 游标卡尺		三爪夹紧，车掉工艺凸台 $n=530$ r/min，$t=0.5$ mm，手走刀
（8）车成形面	圆弧车刀 游标卡尺 样板规		三爪夹紧，车成形面 $n=530$ r/min，手走刀
（9）滚花 （选修）	滚花刀		顶尖顶中心孔，三爪夹紧，滚花 $n=45$ r/min，$t=0.2$ mm，手走刀

【归纳总结】

通过对榔头手柄的加工实训，基本掌握轴类零件的车削加工方法。

【任务评价】

本任务以掌握典型零件加工方法为主，主要检验学生掌握正确加工轴类零件的方法。

项　目	得　分	备　注
实习纪律		30分
各工序尺寸的检验		25分
各工序表面粗糙度		25分
加工效率		10分
安全操作		10分

复习思考题

1. 当车削加工时，工件和刀具需做哪些运动？车削要素的名称、符号和单位是什么？

解释 C6132A 的含义。

2. 卧式车床有哪些主要组成部分？各有何功用？

3. 刀架为什么要做成多层结构？转盘的作用是什么？

4. 尾座顶尖的纵、横两个方向的位置如何调整？当用双顶尖装夹车削外圆面时，产生锥度误差的原因是什么？

5. 外圆车刀五个主要标注角度是如何定义的？各有何作用？

6. 安装车刀时有哪些要求？

7. 自定心卡盘和单动卡盘的结构用途有何异同？

8. 卧式车床上工件的装夹方式有哪些？

9. 车外圆面常用哪些车刀？车削长轴外圆面为什么常用90°偏刀？

10. 切槽刀和切断刀的几何形状有何特点？

11. 车床上加工圆锥面的方法有哪些？各有哪些特点及各适于何种生产类型？

12. 车螺纹时如何保证牙型的精度？

13. 车螺纹时如何保证螺距准确性？

14. 车螺纹时产生"乱扣"的原因是什么？如何防止"乱扣"？

15. 车螺纹时要控制哪些直径？影响螺纹配合松紧的主要尺寸是什么？

16. 转塔车床和立式车床的结构各有哪些特点？主要应用在什么场合？

17. 试切的目的是什么？结合实际操作说明试切的步骤。

18. 为什么车削时一般先要车端面？为什么钻孔前也要先车端面？

19. 什么样的工件适合双顶尖安装？工件上的中心孔有何作用？如何加工中心孔？

20. 顶尖安装时能否车削工件的端面？能否切断工件？

21. 什么样的工件需要采取心轴安装？

22. 中心架和跟刀架起到什么作用？在什么场合下使用？

23. 图 3.64 所示为接头零件，材料为 45 钢，加工数量 5 件，请制订其加工工艺过程，（参照表 3.9 手柄加工工艺）并按工艺过程的步骤把零件加工出来。

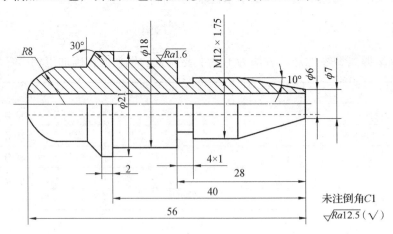

图 3.64　接头零件

24. 结合创新设计与制造活动，自己设计一件符合车床加工的产品，要求产品有一定的创意、使用价值和欣赏价值，而且需要对产品进行成本核算。

项目4 铣工实训

【教学目标】

◎知识目标

通过本项目的训练，使学生了解铣工工作在机械制造中的作用。了解铣工应完成的工作内容，了解铣床及附件的工作原理和正确使用方法，了解铣工工作的安全操作。

◎技能目标

通过本项目的训练，使学生能掌握铣削的基本方法；了解铣刀知识并能根据具体情况，正确选用刀具；熟悉铣床夹具操作和调整；掌握铣工常用工具、量具的正确使用方法；独立完成零件上台阶面和槽的加工。

◎情感与态度目标

培养学生的表达、沟通能力和团队协作精神；培养学生的安全生产意识、效率意识及环保意识；培养学生的创新能力、自我发展能力；培养学生爱岗敬业的工作作风。

【项目分析】

根据项目目标，涉及内容较多，具体实施分为三个任务完成，具体如下：

任务1：铣削基本知识；

任务2：铣削设备及安装；

任务3：典型表面铣削训练。

【项目实施】

任务1：铣削基本知识

图4.1所示为实训用零件图，毛坯尺寸可适当准备大一些，通过简单铣削加工，掌握铣削加工的基本常识。

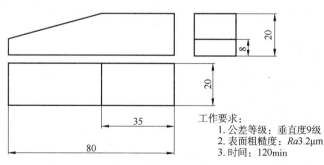

工作要求：
1. 公差等级：垂直度9级
2. 表面粗糙度：$Ra3.2\mu m$
3. 时间：120min

图4.1　实训用零件图

【任务引入】

铣削加工是机械加工中的一个重要工种。熟悉铣削加工的基本知识，对提高铣削质量，降低铣削成本，提高铣削效率是非常重要的。

【任务分析】

本任务包括熟悉铣削基本知识，了解铣削加工的特点，铣削用的切削用量，铣削加工的应用等基本知识。

【相关知识】

在铣床上用铣刀加工工件的工艺过程叫作铣削加工，简称铣工。铣削是金属切削加工中常用的方法之一。当铣削时，铣刀做旋转的主运动，工件做缓慢直线的进给运动。

1. 铣削特点

1）铣刀是一种多齿刀具，在铣削时，铣刀的每个刀齿不像车刀和钻头那样连续地进行切削，而是间歇地进行切削，刀具的散热和冷却条件好，铣刀的寿命长，切削速度可以较高。

2）铣削时经常是多齿进行切削，可采用较大的切削用量，与刨削相比，铣削有较高的生产率，在成批及大量生产中，铣削几乎已全部代替了刨削。

3）由于铣刀刀齿的不断切入、切出，铣削力不断地变化，故而铣削容易产生振动。

2. 铣削用量

铣削时的铣削用量由切削速度、进给量、背吃刀量（铣削深度）和侧吃刀量（铣削宽度）四要素组成。其铣削用量如图4.2所示。

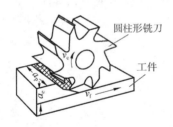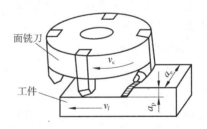

图4.2　铣削用量

切削速度 v

切削速度即铣刀最大直径处的线速度，可由下式计算：

$$v = \frac{\pi d n}{1000}$$

式中　v——切削速度（m/min）；

d——铣刀直径（mm）；

n——铣刀每分钟转数（r/min）。

进给量 f

铣削时，工件在进给运动方向上相对刀具的移动量，即为铣削时的进给量。由于铣刀为多刃刀具，计算时按单位时间不同，有以下三种度量方法：

（1）每齿进给量 f_z（mm/z）指铣刀每转过一个刀齿时，工件对铣刀的进给量（即铣刀每转过一个刀齿，工件沿进给方向移动的距离），其单位为 mm/z。

（2）每转进给量 f，指铣刀每一转，工件对铣刀的进给量（即铣刀每转，工件沿进给方向移动的距离），其单位为 mm/r。

（3）每分钟进给量 v_f，又称为进给速度，指工件对铣刀每分钟进给量（即每分钟工件沿进给方向移动的距离），其单位为 mm/min。上述三者的关系为：

$$v_f = fn = f_z zn$$

式中　z——铣刀齿数；

　　　n——铣刀每分钟转数（r/min）。

背吃刀量（又称为铣削深度）

背吃刀量为平行于铣刀轴线方向测量的切削层尺寸（切削层是指工件上正被切削刃切削着的那层金属），单位为 mm。因周铣与端铣时相对于工件的方位不同，故背吃刀量的表示也有所不同。

侧吃刀量（又称为铣削宽度）

侧吃刀量是垂直于铣刀轴线方向测量的切削层尺寸，单位为 mm。

铣削用量选择的原则：通常粗加工为了保证必要的刀具寿命，应优先采用较大的侧吃刀量或背吃刀量，其次是加大进给量，最后才是根据刀具寿命的要求选择适宜的切削速度，这样选择是因为切削速度对刀具寿命影响最大，进给量次之，侧吃刀量或背吃刀量影响最小；精加工时为减小工艺系统的弹性变形，必须采用较小的进给量，同时为了抑制积屑瘤的产生。对于硬质合金铣刀应采用较高的切削速度，对高速钢铣刀应采用较低的切削速度，如铣削过程中不产生积屑瘤时，也应采用较大的切削速度。

3. 铣削的应用

铣床的加工范围很广，可以加工平面、斜面、垂直面、各种沟槽和成形面（如齿形），如图 4.3 所示，还可以进行分度工作，有时孔的钻、镗加工，也可在铣床上进行，如图 4.4 所示。铣床的加工精度一般为 IT9～IT8，表面粗糙度一般为 $Ra6.3～1.6\mu m$。

4. 铣削方式

（1）周铣和端铣

用刀齿分布在圆周表面的铣刀而进行铣削的方式叫作周铣，用刀齿分布在圆柱端面上的铣刀而进行铣削的方式叫作端铣。与周铣相比，端铣铣平面时较为有利，原因如下：

1）面铣刀的副切削刃对已加工表面有修光作用，能使粗糙度降低。周铣的工件表面则有波纹状残留面积。

2）同时参加切削的面铣刀齿数较多，切削力的变化程度较小，因此工作时振动较周铣小。

3）当面铣刀的主切削刃刚接触工件时，切屑厚度不等于零，使切削刃不易磨损。

4）面铣刀的刀杆伸出较短，刚性好，刀杆不易变形，可用较大的切削用量。由此可见，端铣法的加工质量较好，生产率较高，所以铣削平面大多采用端铣。但是，周铣对加工各种形面的适应性较广，而有些形面（如成形面等）则不能用端铣。

（2）逆铣和顺铣

周铣有逆铣法和顺铣法之分，如图 4.5 所示。逆铣时，铣刀的旋转方向与工件的进给方向相反；顺铣时，则铣刀的旋转方向与工件的进给方向相同。逆铣时，切屑的厚度从零开始渐增。实际上，铣刀的切削刃开始接触工件后，将在表面滑行一段距离才真正切入金属。这

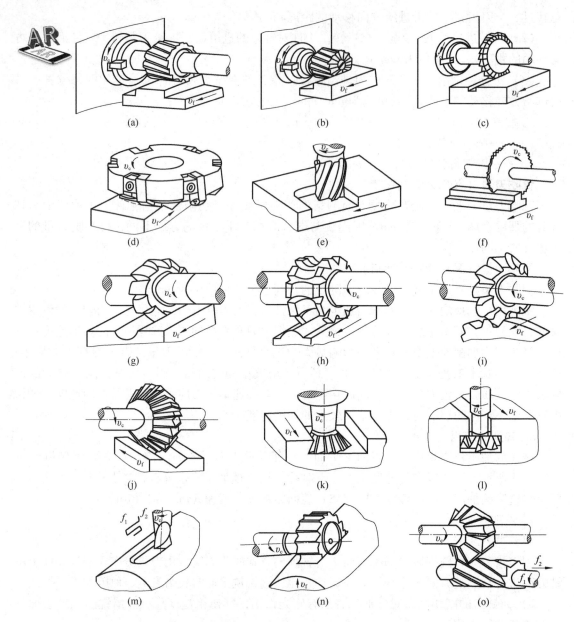

图 4.3 铣削加工的应用范围

（a）圆柱铣刀铣平面；（b）套式铣刀铣台阶面；（c）三面刃铣刀铣直角槽；（d）面铣刀铣平面；（e）立铣刀铣凹平面；
（f）锯片铣刀切断；（g）凸半圆铣刀铣凹圆弧面；（h）凹半圆铣刀铣凸圆弧面；（i）齿轮铣刀铣齿轮；
（j）角度铣刀铣 V 形槽；（k）燕尾槽铣刀铣燕尾槽；（l）T 形槽铣刀铣 T 形槽；（m）键槽铣刀铣键槽；
（n）半圆键槽铣刀铣半圆键槽；（o）角度铣刀铣螺旋槽

就使得切削刃容易磨损，并增加加工表面的粗糙度。逆铣时，铣刀对工件有上抬的切削分力，影响工件安装在工作台上的稳固性。

顺铣则没有上述缺点。但是，顺铣时工件的进给会受工作台传动丝杠与螺母之间间隙的影响。因为铣削的水平分力与工件的进给方向相同，铣削力忽大忽小，就会使工作台窜动和进给量不均匀，甚至引起打刀或损坏机床。因此，必须在纵向进给丝杠处有消除间隙的装置才能采

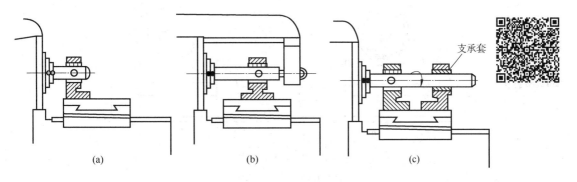

图 4.4 在卧式铣床上加工孔

（a）卧式铣床上镗孔；（b）卧式铣床上镗孔用吊架；（c）卧式铣床上镗孔用支承套

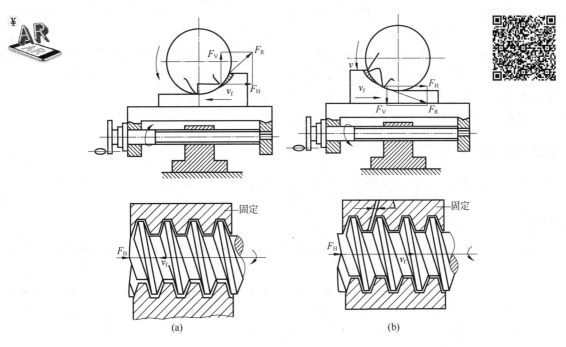

图 4.5 逆铣和顺铣

（a）逆铣；（b）顺铣

用顺铣。但一般铣床上是没有消除丝杠螺母间隙的装置，只能采用逆铣法。另外，对铸锻件表面的粗加工，顺铣因刀齿首先接触黑皮，将加剧刀具的磨损，此时，也是以逆铣为妥。

【任务实施】

在实习场地现有的铣床上加工键槽和铣削简单平面，用不同的切削用量加工，比较加工质量、刀具寿命和加工效率，正确认识合理选择加工用量的重要性，根据具体的加工情况，查工艺人员设计手册，选择切削用量，检测加工质量，使学生能正确使用工艺手册；同一个面，用不同的切削用量，比较加工质量，能正确地使用顺铣和逆铣。

按图 4.6 所示，用机用平口虎钳夹紧工件，分别用端铣和周铣加工零件毛坯上表面，观察零件加工表面质量和加工效率，了解端铣和周铣的应用。

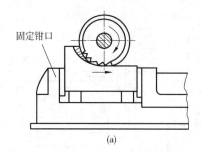
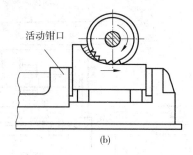

固定钳口

活动钳口

(a)

(b)

图4.6 平口钳安装工件

（a）正确；（b）不正确

按图4.6所示，用机用平口虎钳夹紧工件，分别用顺铣和逆铣加工零件，观测机床状况，在普通铣床上，由于进给机构有间隙，工作台出现振动，采用逆铣较好，掌握在普通铣床上，一般采用逆铣加工零件。

按图4.6所示，用机用平口虎钳夹紧工件，分别用不同的切削用量加工零件毛坯，观测零件加工表面的质量、加工效率和刀具磨损情况，掌握不同的技术要求，采用不同的切削用量，会通过查切削手册，选择切削用量。

尽可能多的演示，在铣床上能加工的表面。

【归纳总结】

通过本任务训练，认识铣削加工的基本工艺知识。

【任务评价】

本任务以认识铣削加工为主，主要检验学生正确掌握选择切削用量、顺铣或逆铣的方法，掌握检测加工质量的方法。

项　　目	得　　分	备　　注
实习纪律		30分
切削用量的选择		20分
顺铣和逆铣的方法		20分
铣削质量		20分
安全操作		10分

任务2：铣削设备及安装

图4.1所示为实训用零件图，毛坯尺寸可适当准备大一些，通过简单铣削加工，认识铣床和铣床附件，掌握卧式铣床的基本操作。

【任务引入】

铣削加工是机械加工中的一个重要工种。熟悉铣削设备的基本知识，对正确使用和安全操作设备是非常重要的。

【任务分析】

本任务是熟悉铣削装备及安装知识，了解铣床的组成，常用工装的应用等。

【相关知识】

铣床种类很多，常用的有卧式铣床、立式铣床、龙门铣床和数控铣床及铣镗加工中心等。在一般工厂，卧式铣床和立式铣床应用最广，其中万能卧式升降台铣床简称万能卧式铣床应用最多，特加以介绍。

1. 万能卧式铣床

万能卧式铣床（图4.7）是铣床中应用最广的一种。其主轴是水平的，与工作台面平行。下面以实习中所使用的 X6132 铣床为例，介绍万能铣床型号以及组成部分和作用。

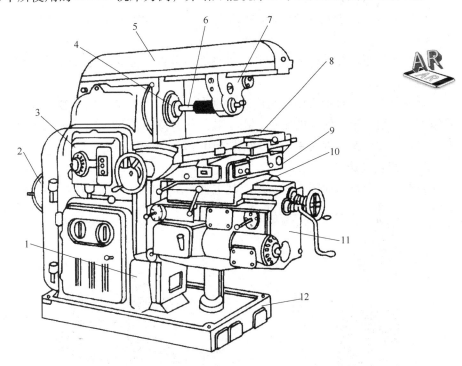

图 4.7 X6132 万能卧式铣床

1—床身；2—电动机；3—变速机构；4—主轴；5—横梁；6—刀杆；7—刀杆支架；
8—纵向工作台；9—转台；10—横向工作台；11—升降台；12—底座

（1）万能卧式铣床的型号

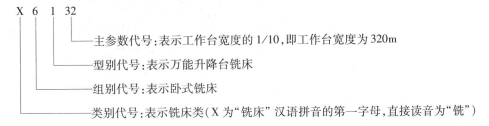

主参数代号：表示工作台宽度的 1/10，即工作台宽度为 320m

型别代号：表示万能升降台铣床

组别代号：表示卧式铣床

类别代号：表示铣床类（X 为"铣床"汉语拼音的第一字母，直接读音为"铣"）

111

（2）X6132万能卧式铣床的主要组成部分及作用

1）床身

床身用来固定和支承铣床上所有的部件。电动机、主轴及主轴变速机构等安装在它的内部。

2）横梁

横梁的上面安装吊架，用来支承刀杆外伸的一端，以加强刀杆的刚性。横梁可沿床身的水平导轨移动，以调整其伸出的长度。

3）主轴

主轴是空心轴，前端有7:24的精密锥孔，其用途是安装铣刀刀杆并带动铣刀旋转。

4）纵向工作台

纵向工作台在转台的导轨上做纵向移动，带动台面上的工件做纵向进给。

5）横向工作台

横向工作台位于升降台上面的水平导轨上，带动纵向工作一起做横向进给。

6）转台

转台的作用是能将纵向工作台在水平面内扳转一定的角度，以便铣削螺旋槽。

7）升降台

升降台可以使整个工作台沿床身的垂直导轨上下移动，以调整工作台面到铣刀的距离，并做垂直进给。带有转台的卧铣，由于其工作台除了能做纵向、横向和垂直方向的移动外，尚能在水平面内左右扳转45°，因此称为万能卧式铣床。

2. 升降台铣床

立式升降台铣床如图4.8所示。其主轴与工作台面垂直。有时根据加工的需要，可以将立铣头（主轴）偏转一定的角度。

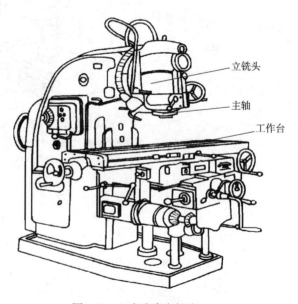

图4.8 立式升降台铣床

3. 铣刀

铣刀的分类方法很多，根据铣刀安装方法的不同可分为两大类，即带孔铣刀和带柄铣刀。带孔铣刀多用在卧式铣床上，带柄铣刀多用在立式铣床上。带柄铣刀又分为直柄铣刀和锥柄铣刀。

（1）常用的带孔铣刀

1）圆柱铣刀：其刀齿分布在圆柱表面上，通常分为直齿（图4.2a）和斜齿（图4.3a）两种，主要用于铣削平面。由于斜齿圆柱铣刀的每个刀齿是逐渐切入和切离工件的，故工作较平稳，加工表面粗糙度数值小，但有轴向切削力产生。

2）圆盘铣刀：即三面刃铣刀、锯片铣刀等。图4.3c所示为三面刃铣刀，主要用于加工不同宽度的直角沟槽及小平面和台阶面等。锯片铣刀（图4.3f）用于铣窄槽和切断。

3）角度铣刀：如图4.3j、k、o所示，具有各种不同的角度，用于加工各种角度的沟槽及斜面等。

4）成形铣刀：如图4.3g、h、i所示，其切刃呈凸圆弧、凹圆弧和齿槽形等，用于加工与切刃形状对应的成形面。

（2）常用的带柄铣刀

1）立铣刀：如图4.3e所示，立铣刀有直柄和锥柄两种，多用于加工沟槽、小平面和台阶面等。

2）键槽铣刀：如图4.3m所示，专门用于加工封闭式键槽。

3）T形槽铣刀：如图4.3l所示，专门用于加工T形槽。

4）镶齿面铣刀：如图4.3d所示，一般刀盘上装有硬质合金刀片，加工平面时可以进行高速铣削，以提高工作效率。

4. 铣刀的安装

（1）孔铣刀的安装

1）带孔铣刀中的圆柱形、圆盘形铣刀，多用长刀杆安装，如图4.9所示。长刀杆一端有7:24锥度与铣床主轴孔配合，安装刀具的刀杆部分，根据刀孔的大小分为几种型号，常用的有 $\phi16mm$、$\phi22mm$、$\phi27mm$ 和 $\phi32mm$ 等。

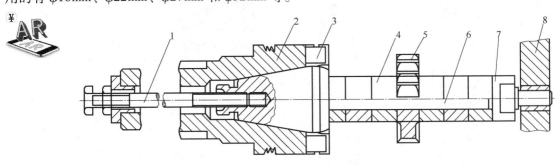

图4.9　圆盘铣刀的安装
1—拉杆；2—铣床主轴；3—端面键；4—套筒；5—铣刀；6—刀杆；7—螺母；8—刀杆支架

用长刀杆安装带孔铣刀时要注意如下：

①铣刀应尽可能地靠近主轴或吊架，以保证铣刀有足够的刚性；套筒的端面与铣刀的端面必须擦干净，以减小铣刀的轴向圆跳动；当拧紧刀杆的压紧螺母时，必须先装上吊架，以

防刀杆受力弯曲。

②斜齿圆柱铣所产生的轴向切削刀应指向主轴轴承，主轴转向与铣刀旋向的选择见表4.1。

表4.1 主轴转向与铣刀旋向的选择

情况	铣刀安装简图	螺旋线方向	主旋转方向	轴向力的方向	说明
1		左旋	逆时针方向旋转	向着主轴轴承	正确
2		左旋	顺时针方向旋转	离开主轴轴承	不正确

2）带孔铣刀中的面铣刀，多用短刀杆安装，如图4.10所示。

（2）带柄铣刀的安装

1）锥柄铣刀的安装如图4.11a所示。根据铣刀锥柄的大小，选择合适的变锥套，将各配合表面擦净，然后用拉杆把铣刀及变锥套一起拉紧在主轴上。

2）直柄立铣刀的安装，这类铣刀多为小直径铣刀，一般不超过 $\phi 20mm$，多用弹簧夹头进行安装，如图4.11b所示。铣刀的柱柄插入弹簧套的孔中，用螺母压弹簧套的端面，使弹簧套的外锥面受压而孔径缩小，即可将铣刀抱紧。弹簧套上有三个开口，故受力时能收缩。弹簧套有多种孔径，以适应各种尺寸的铣刀。

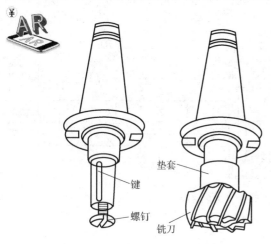

图4.10 面铣刀的安装

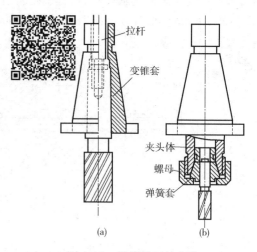

图4.11 带柄铣刀的安装

（a）锥柄铣刀的安装；（b）直柄铣刀的安装

5. 铣床附件

铣床的主要附件有分度头、平口钳、万能铣头和回转工作台，如图 4.12 所示。

1）分度头：如图 4.12a 所示，在铣削加工中，常会遇到铣六方、齿轮、花键和刻线等工作。这时，就需要利用分度头分度。因此，分度头是万能铣床上的重要附件。

①分度头的作用

a. 能使工件实现绕自身的轴线周期地转动一定的角度（即进行分度）。

b. 利用分度头主轴上的卡盘夹持工件，使被加工工件的轴线，相对于铣床工作台在向上 90°和向下 10°的范围内倾斜成需要的角度，以加工各种位置的沟槽和平面等（如铣圆锥齿轮）。

c. 与工作台纵向进给运动配合，通过配换挂轮，能使工件连续转动，以加工螺旋沟槽和斜齿轮等。

万能分度头由于具有广泛的用途，在单件小批量生产中应用较多。

②分度头的结构

分度头的主轴是空心的，两端均为锥孔，前锥孔可装入顶尖（莫氏 4 号），后锥孔可装入心轴，以便在差动分度时挂轮，把主轴的运动传给侧轴可带动分度盘旋转。主轴前端外部有螺纹，用来安装自定心卡盘，如图 4.13 所示。

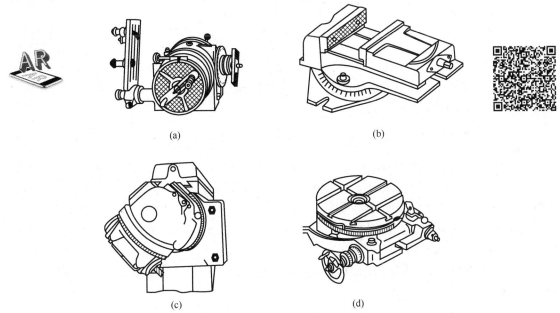

(a)   (b)

(c)   (d)

图 4.12　常用铣床附件

（a）分度头；（b）平口钳；（c）万能铣头；（d）回转工作台

松开壳体上部的两个螺钉，主轴可以随回转体在壳体的环形导轨内转动，因此主轴除安装成水平外，还能扳成倾斜位置。当主轴调整到所需的位置上后，应拧紧螺钉。主轴倾斜的角度可以从刻度上看出。

在壳体下面，固定有两个定位块，以便与铣床工台面的 T 形槽相配合，用来保证主轴轴线准确地平行于工作台的纵向进给方向。

手柄用于紧固或松开主轴，分度时松开，分度后紧固。以防在铣削时主轴松动。另一手柄是控制蜗杆的手柄，它可以使蜗杆和蜗轮连接或脱开（即分度头内部的传动切断或结合），在切断传动时，可用手转动分度的主轴。蜗轮与蜗杆之间的间隙可用螺母调整。

③分度的方法

分度头内部的传动系统如图4.14a所示，可转动分度手柄，通过传动机构（传动比1:1的一对齿轮，1:40的蜗轮蜗杆），使分度头主轴带动工件转动一定角度。手柄转一圈，主轴带动工件转1/40圈。

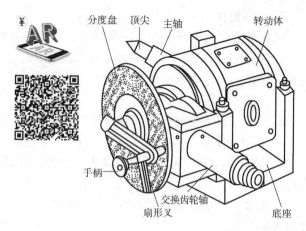

图4.13　万能分度头的外形

如果要将工件的圆周等分为 Z 等分，则每次分度工件应转过 $1/Z$ 圈。设每次分度手柄的转数为 n，则手柄转数 n 与工件等分数 Z 之间有如下关系：

$$1:40 = \frac{1}{Z}:n$$

$$n = \frac{40}{Z}$$

分度头分度的方法有直接分度法、简单分度法、角度分度法和差动分度法等。

这里仅介绍常用的简单分度法。例如：铣齿数 $z=35$ 的齿轮，需对齿轮毛坯的圆周做35等分，每一次分度时，手柄转数为：

$$n = \frac{40}{z} = \frac{40}{35} = 1\frac{1}{7} \ 圈$$

分度时，如果求出的手柄转数不是整数，可利用分度盘上的等分孔距来确定。分度盘如图4.14b所示，一般备有两块分度盘。分度盘的两面各钻有不通的许多圈孔，各圈孔数均不相等，然而同一孔圈上的孔距是相等的。

分度头第一块分度盘正面各圈孔数依次为24、25、28、30、34、37，反面各圈孔数依次为38、39、41、42、43。

第二块分度盘正面各圈孔数依次为46、47、49、51、53、54，反面各圈孔数依次为57、58、59、62、66。

$$n = 1\frac{1}{7} = 1\frac{4}{28}$$

按上例计算结果，即每分一齿，手柄需转过 $1\frac{1}{7}$ 圈，其中1/7圈需通过分度盘（图4.14b）来控制。用简单分度法需先将分度盘固定，再将分度手柄上的定位销调整到孔数为7的倍数（如28、42、49）的孔圈上，如在孔数为28的孔圈上。此时分度手柄转过1整圈后，再沿孔数为28的孔圈转过4个孔距。

为了确保手柄转过的孔距数可靠，可调整分度盘上的扇形条1、2间的夹角（图4.14b)，使之正好等于分子的孔距数，这样依次进行分度时就可准确无误。

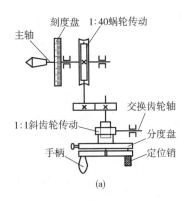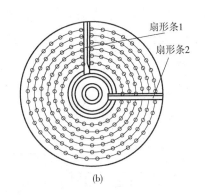

图 4.14 分度头内部的传动系统

2）平口钳：如图 4.12b 所示，平口钳是一种通用夹具，经常用其安装小型工件。

3）万能铣头：如图 4.12c 所示，在卧式铣床上装上万能铣头，不仅能完成各种立铣的工作，而且还可以根据铣削的需要，把铣头主轴扳成任意角度。万能铣头的底座用螺栓固定在铣床的垂直导轨上。铣床主轴的运动通过铣头内的两对锥齿轮传到铣头主轴上。铣头的壳体可绕铣床主轴轴线偏转任意角度。铣头主轴的壳体还能在铣头壳体上偏转任意角度。因此，铣头主轴就能在空间偏转成所需要的任意角度。

4）回转工作台：如图 4.12d 所示，回转工作台又称为转盘、平分盘和圆形工作台等。它的内部有一套蜗轮蜗杆。摇动手轮，通过蜗杆轴，就能直接带动与转台相连接的蜗轮转动。转台周围有刻度，可以用来观察和确定转台位置。拧紧固定螺钉，转台就固定不动。转台中央有一孔，利用它可以方便地确定工件地回转中心。当底座上的槽和铣床工作台的 T 形槽对齐后，即可用螺栓把回转工作台固定在铣床工作台上。当铣圆弧槽时，工件安装在回转工作台上，铣刀旋转，用手均匀缓慢地摇动回转工作台而使工件铣出圆弧槽。

【任务实施】

1. 操作机床训练

1）开机训练

按启动按钮，主轴旋转，手动垂直运动手柄，工作台上下运动；手动纵向运动手柄，工作台纵向运动；手动横向运动手柄，工作台横向运动；观察手柄刻度盘，明确刻度盘数值与进给量的关系。

2）机动进给训练

开机状态，拨动机动手柄，分别实现上下、前后左右运动。

3）主轴转速和进给量调整

按机床指示牌标注的数值，变换所需要的切削参数，反复练习。

2. 通过训练铣床上正确安装工件，认识铣床附件

铣床上常用的工件安装方法有以下几种：

1）平口钳安装工件

在铣削加工时，常使用平口钳夹紧工件，如图 4.15 所示。它具有结构简单，夹紧牢靠等特点，所以使用广泛。平口钳尺寸规格，是以其钳口宽度来区分的。X62W 型铣床配用的平口钳为 160mm。平口钳分为固定式和回转式两种。回转式平口钳可以绕底座旋转 360°，

固定在水平面的任意位置上,因而扩大了其工作范围,是目前平口钳应用的主要类型。平口钳用两个 T 形螺栓固定在铣床上,底座上还有一个定位键,它与工作台上中间的 T 形槽相配合,以提高平口钳安装时的定位精度。

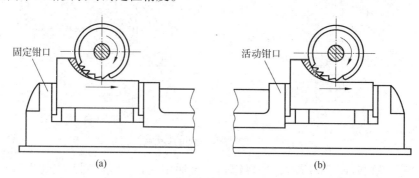

图 4.15 平口钳安装工件
(a) 正确;(b) 不正确

2)用压板、螺栓安装工件

对于大型工件或平口钳难以安装的工件,可用压板、螺栓和垫铁将工件直接固定在工作台上,如图 4.16a 所示。

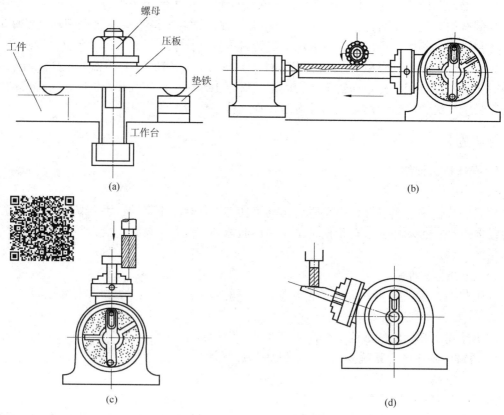

图 4.16 工件在铣床上常用的安装方法
(a) 用压板、螺钉安装工件;(b) 用分度头安装工件;
(c) 分度头卡盘在垂直位置安装工件;(d) 分度头卡盘在倾斜位置安装工件

注意事项如下：

①压板的位置要安排得当，压点要靠近切削面，压力大小要适合。当粗加工时，压紧力要大，以防止切削中工件移动；当精加工时，压紧力要合适，注意防止工件发生变形。

②工件如果放在垫铁上，要检查工件与垫铁是否贴紧了，若没有贴紧，必须垫上铜皮或纸，直到贴紧为止。

③压板必须压在垫铁处，以免工件因受压紧力而变形。

④安装薄壁工件，在其空心位置处，可用活动支撑（千斤顶等）增加刚度。

⑤工件压紧后，要用划针盘复查加工线是否仍然与工作台平行，避免工件在压紧过程中变形或走动。

3）用分度头安装工件

分度头安装工件一般用在等分工作中。它既可以用分度头卡盘（或顶尖）与尾座顶尖一起使用安装轴类零件，如图4.16b所示，也可以只使用分度头卡盘安装工件，又由于分度头的主轴可以在垂直平面内转动，因此可以利用分度头在水平、垂直及倾斜位置安装工件，如图4.16c、d所示。

当零件的生产批量较大时，可采用专用夹具或组合夹具装夹工件，这样既能提高生产率，又能保证产品质量。

工件安装好后，根据项目1的训练，正确选择加工方法和切削用量，通过操作，正确认识铣床的结构和工艺范围。

【归纳总结】

正确操作铣床和使用铣床附件，认识铣削刀具。

【任务评价】

本任务以认识铣床和铣床附件为主。

项　　目	得　　分	备　　注
实习纪律		30分
铣床操作		20分
铣床附件		20分
工件安装		20分
安全操作		10分

任务3：典型表面铣削训练

图4.1所示为实训用零件图，通过铣削加工，掌握铣削基本技能。

【任务引入】

铣削加工是机械加工中的一个重要工种。了解常用面的铣削加工，对正确使用和安全操作设备是非常重要的。

【任务分析】

本任务是了解铣削加工基本技能，了解常用面的加工等基本知识。

【相关知识】

相关知识参阅任务 1 和任务 2。

【任务实施】

1. 铣平面

铣平面可以用圆柱铣刀、面铣刀或三面刃盘铣刀在卧式铣床或立式铣床上进行铣削。

1）用圆柱铣刀铣平面

圆柱铣刀一般用于卧式铣床铣平面。铣平面用的圆柱铣刀，一般为螺旋齿圆柱铣刀。铣刀的宽度必须大于所铣平面的宽度。螺旋线的方向应使铣削时所产生的轴向力将铣刀推向主轴轴承方向。

圆柱铣刀通过长刀杆安装在卧式铣床的主轴上，刀杆上的锥柄与主轴上的锥孔相配，并用一拉杆拉紧。刀杆上的键槽与主轴上的方键相配，用来传递动力。当安装铣刀时，先在刀杆上装几个垫圈，然后装上铣刀，如图 4.17a 所示。应使铣刀切削刃的切削方向与主轴旋转方向一致，同时铣刀还应尽量装在靠近床身的地方。再在铣刀的另一侧套上垫圈，然后用手轻轻旋上压紧螺母，如图 4.17b 所示。再安装吊架，使刀杆前端进入吊架轴承内，拧紧吊架的紧固螺钉，如图 4.17c 所示。初步拧紧刀杆螺母，开车观察铣刀是否装正，然后用力拧紧螺母，如图 4.17d 所示。

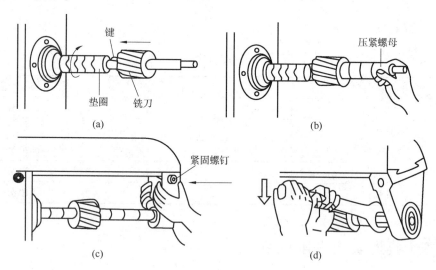

图 4.17　安装圆柱铣刀的步骤

操作方法：根据工艺卡的规定调整机床的转速和进给量，再根据加工余量的多少来调整铣削深度，然后开始铣削。铣削时，先用手动使工作台纵向靠近铣刀，而后改为自动进给；当进给行程尚未完毕时不要停止进给运动，否则铣刀在停止的地方切入金属就比较深，形成表面深啃现象；铣削铸铁时不加切削液（因铸铁中的石墨可起润滑作用；铣削钢料时要用切削液，通常用含硫矿物油作为切削液）。

用螺旋齿铣刀铣削时，同时参加切削的刀齿数较多，每个刀齿工作时都是沿螺旋线方向逐渐地切入和脱离工作表面，切削比较平稳。在单件小批量生产的条件下，用圆柱铣刀在卧式铣床上铣平面仍是常用的方法。

2）用面铣刀铣平面

面铣刀一般用于立式铣床上铣平面，有时也用于卧式铣床上铣侧面。

面铣刀一般中间带有圆孔。通常先将铣刀装在短刀轴上，再将刀轴装入机床的主轴上，并用拉杆螺钉拉紧。

用面铣刀铣平面与用圆柱铣刀铣平面相比，其特点是：切削厚度变化较小，同时切削的刀齿较多，因此切削比较平稳；再则面铣刀的主切削刃担负着主要的切削工作，而副切削刃又有修光作用，所以表面光整；此外，面铣刀的刀齿易于镶装硬质合金刀片，可进行高速铣削，且其刀杆比圆柱铣刀的刀杆短些，刚性较好，能减少加工中的振动，有利于提高铣削用量。因此，端铣既提高了生产率，又提高了表面质量，所以在大批量生产中，端铣已成为加工平面的主要方式之一。

用面铣刀铣平面有两种方法，如图 4.18 所示。

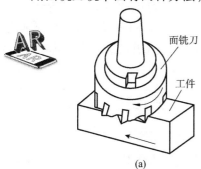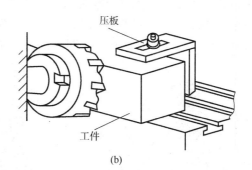

图 4.18　用面铣刀铣平面

（a）立式铣床；（b）卧式铣床

2. 铣斜面

工件上具有斜面的结构很常见，铣削斜面的方法也很多，下面介绍常用的几种方法：

1）使用倾斜垫铁铣斜面，如图 4.19a 所示。在零件设计基准的下面垫一块倾斜的垫铁，则铣出的平面就与设计基准面倾斜一个角度，改变倾斜垫铁的角度，即可加工不同角度的斜面。

2）用万能铣头铣斜面，如图 4.19b 所示。由于万能铣头能方便地改变刀轴的空间位置，因此可以转动铣头以使刀具相对工作倾斜一个角度来铣斜面。

3）用角度铣刀铣斜面，如图 4.19c 所示。较小的斜面可用合适的角度铣刀加工。当加工零件批量较大时，则常采用专用夹具铣斜面。

4）用分度头铣斜面，如图 4.19d 所示。在一些圆柱形和特殊形状的零件上加工斜面时，可利用分度头将工件转成所需位置而铣出斜面。

3. 铣键槽

在铣床上能加工的沟槽种类很多，如直槽、角度槽、V 形槽、T 形槽、燕尾槽和键槽

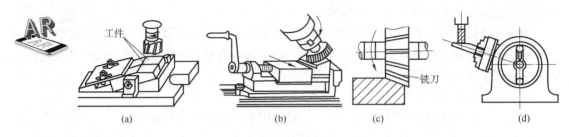

图 4.19 铣斜面的几种方法

（a）用倾斜垫铁铣斜面；（b）用万能铣头铣斜面；（c）用角度铣刀铣斜面；（d）用分度头铣斜面

等。现仅介绍键槽、T 形槽和燕尾槽的加工。

1）铣键槽：常见的键槽有封闭式和敞开式两种。在轴上铣封闭式键槽，一般用键槽铣刀加工，如图 4.20a 所示。键槽铣刀一次轴向进给不能太大，切削时要注意逐层切下。敞开式键槽多在卧式铣床上用三面刃铣刀进行加工，如图 4.20b 所示。注意在铣削键槽前，做好对刀工作，以保证键槽的对称度。

若用立铣刀加工，则由于立铣刀中央无切削刃，不能向下进刀，因此必须预先在槽的一端钻一个落刀孔，才能用立铣刀铣键槽。对于直径为 3～20mm 的直柄立铣刀，可用弹簧夹头装夹，弹簧夹头可装入机床主轴孔中；对于直径为 10～50mm 的锥柄铣刀，可利用过渡套装入机床主轴孔中。对于敞开式键槽，可在卧式铣床上进行，一般采用三面刃铣刀加工。

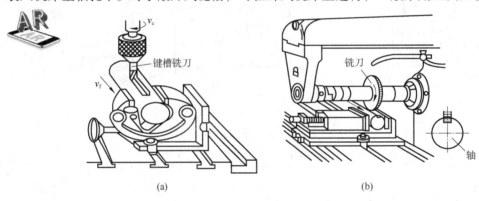

图 4.20 铣键槽

（a）在立式铣床上铣封闭式键槽；（b）在卧式铣床上铣敞开式键槽

2）铣 T 形槽及燕尾槽如图 4.21 所示。T 形槽应用很多，如铣床和刨床的工作台上用来安放紧固螺栓的槽就是 T 形槽。要加工 T 形槽及燕尾槽，必须首先用立铣刀或三面刃铣刀铣出直角槽，然后在立铣上用 T 形槽铣刀铣削 T 形槽和用燕尾槽铣刀铣削成形。但由于 T 形槽铣刀工作时排屑困难，因此切削用量应选得小些，同时应多加冷却液，最后再用角度铣刀铣出倒角。

4. 实习产品加工

1）按图 4.18a 所示，加工产品平面，也可用三刃立铣刀加工，切削用量不同，加工表面质量不同，注意粗、精分开。

2）按图 4.19 所示方法，加工斜面，可用其中任何一种方法。当任务实施时，可根据实际情况选择合适的方法实施。

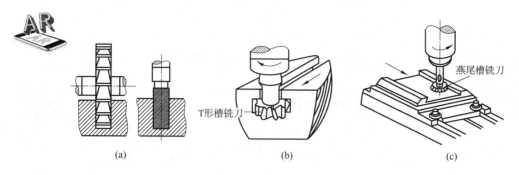

图 4.21　铣 T 形槽及燕尾槽

（a）先铣出直槽；（b）铣 T 形槽；（c）铣燕尾槽

【归纳总结】

掌握常用典型表面的铣削加工，为具体铣削加工打基础。

【任务评价】

本任务以正确掌握典型零件铣削方法为主。

项　目	得　分	备　注
实习纪律		30 分
铣平面		20 分
铣斜面		20 分
铣键槽		20 分
安全操作		10 分

复习思考题

1. X6132 型万能卧式铣床主要由哪几部分组成？各部分的主要作用是什么？

2. 铣削的主运动和进给运动各是什么？

3. 铣床的主要附件有哪几种？其主要作用是什么？

4. 铣床能加工哪些表面？各用什么刀具？

5. 铣床主要有哪几类？卧铣和立铣的主要区别是什么？

6. 用来制造铣刀的材料主要是什么？

7. 如何安装带柄铣刀和带孔铣刀？

8. 逆铣和顺铣相比，其突出优点是什么？

9. 在铣床上为什么要开车对刀？为什么必须停车变速？

10. 分度头的转动体在水平轴线内可转动多少度？

11. 在轴上铣封闭式和敞开式键槽可选用什么铣床和刀具？

12. 铣床上工件的主要安装方法有哪几种？

项目5 磨工实训

【教学目标】

◎知识目标

通过本项目的训练，使学生了解磨工工作在机械制造中的作用。了解磨工应完成的工作内容，了解磨床及附件的工作原理和正确使用方法，了解磨工工作的安全操作。

◎技能目标

通过本项目的训练，使学生能掌握磨削的基本方法，熟悉磨床操作和调整，掌握磨工常用工具、量具的正确使用方法，独立完成零件上平面和外圆的加工。

◎情感与态度目标

培养学生的表达、沟通能力和团队协作精神，培养学生的安全生产意识、效率意识及环保意识，培养学生的创新能力、自我发展能力，培养学生爱岗敬业的工作作风。

【项目分析】

根据项目目标，涉及内容较多，具体实施分为两个任务完成，具体如下：

任务1：磨削基本知识；

任务2：传动轴磨削训练。

【项目实施】

任务 1：磨削基本知识

图5.1所示为某减速器零件图，通过磨削该零件轴承位和齿轮位，认识磨床和磨床附件，掌握外圆磨床和平面磨床的基本操作。

【任务引入】

磨削加工是机械加工中最常用的一个工种，是零件的精加工。熟悉磨削加工的基本知识，对提高磨削质量，降低磨削成本，提高磨削效率是非常重要的。

【任务分析】

本任务是熟悉磨削基本知识，了解磨削加工的特点，磨削加工的应用等。

【相关知识】

1. 磨削加工简介

磨削加工是机械制造中最常用的加工方法之一，它的应用范围很广，可以磨削难以切削

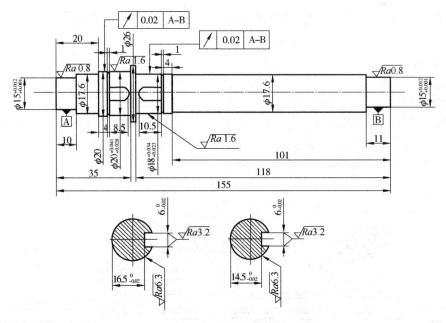

图 5.1 减速器传动轴

的各种高硬超硬材料，可以磨削各种表面，可以用于荒加工（磨削钢坯、割浇冒口等）、粗加工、精加工和超精加工。磨削后工件磨削精度可达 IT6 ~ IT4，表面粗糙度可以达到 Ra0.025 ~ 0.8 μm。磨削比较容易实现生产过程自动化，在工业发达国家，磨床已占机床总数的 25% 左右，个别行业可达到 40% ~ 50%。

（1）磨削属多刃、微刃切削。磨削用的砂轮是由许多细小坚硬的磨粒用结合剂黏结在一起经焙烧而成的疏松多孔体，如图 5.2 所示。这些锋利的磨粒就像铣刀的切削刃，在砂轮高速旋转的条件下，切入零件表面，故磨削是一种多刃、微刃切削过程。

（2）加工尺寸精度高，表面粗糙度值低。磨削的切削厚度极薄，每个磨粒的切削厚度可小到微米，故磨削的尺寸精度可达 IT6 ~ IT5，表面粗糙度 Ra 值达 0.8 ~ 0.1 μm。当高精度磨削时，尺寸精度可超过 IT5，表面粗糙度 Ra 值不大于 0.012 μm。

（3）加工材料广泛。由于磨料硬度极高，故磨削不仅可加工一般金属材料，如碳钢、铸铁等，还可加工一般刀具难以加工的高硬度材料，如淬火钢、各种切削刀具材料及硬质合金等。

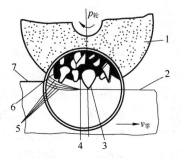

图 5.2 砂轮的组成

1—砂轮；2—已加工表面；3—磨粒；
4—结合剂；5—加工表面；
6—空隙；7—待加工表面

（4）砂轮有自锐性。当作用在磨粒上的切削力超过磨粒的极限强度时，磨粒就会破碎，形成新的锋利棱角进行磨削；当此切削力超过结合剂的黏结强度时，钝化的磨粒就会自行脱落，使砂轮表面露出一层新鲜锋利的磨粒，从而使磨削加工能够继续进行。砂轮的这种自行推陈出新，保持自身锋利的性能称为自锐性。砂轮具有的自锐性使砂轮可连续进行加工，这是其他刀具没有的特性。

（5）磨削温度高。在磨削过程中，由于切削速度很高，产生大量切削热，温度超过1000℃。同时，高温的磨屑在空气中发生氧化作用，产生火花。在如此高温下，将会使零件材料性能改变而影响质量。因此，为减少摩擦和迅速散热，降低磨削温度，及时冲走屑末，以保证零件表面质量，磨削时需使用大量切削液。

2. 外圆磨床

常用的外圆磨床分为普通外圆磨床和万能外圆磨床。在普通外圆磨床上可磨削零件的外圆柱面和外圆锥面；在万能外圆磨床上由于砂轮架、头架和工作台上都装有转盘，能回转一定的角度，且增加了内圆磨具附件，所以万能外圆磨床除可磨削外圆柱面和外圆锥面外，还可磨削内圆柱面、内圆锥面及端平面，故万能外圆磨床较普通外圆磨床应用更广。

图5.3所示为MG1432A高精度外圆磨床。

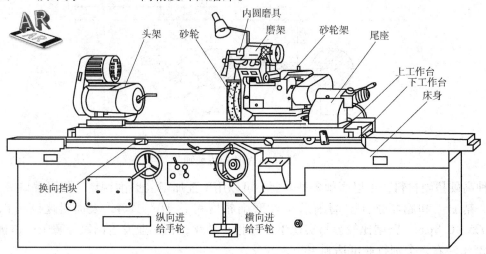

图5.3 MG1432A高精度外圆磨床

3. 平面磨床

平面磨床主要用于磨削零件上的平面。平面磨床与其他磨床不同的是工作台上安装有电磁吸盘或其他夹具，用作装夹零件。图5.4所示为M7120A型平面磨床外形图，磨头2沿滑板3的水平导轨可做横向进给运动，这可由液压驱动或横向进给手轮4操纵。滑板3可沿立柱6的导轨垂直移动，以调整磨头2的高低位置及完成垂直进给运动，该运动也可操纵垂直进给手轮9实现。砂轮由装在磨头壳体内的电动机直接驱动旋转。

4. 砂轮的安装、平衡及修整

磨削加工的特点如下：

砂轮是磨削的切削工具。磨粒、结合剂和空隙是构成砂轮的三要素，如图5.2所示。

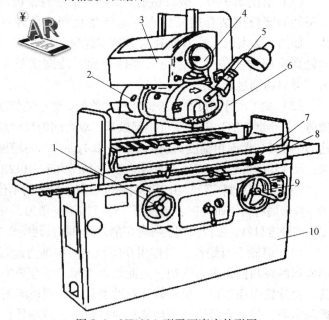

图5.4 M7120A型平面磨床外形图

1—驱动工作台手轮；2—磨头；3—滑板；4—横向进给手轮；
5—砂轮修整器；6—立柱；7—行程挡块；8—工作台；
9—垂直进给手轮；10—床身

（1）砂轮的特性及其选择

表示砂轮的特性主要包括磨料、粒度、硬度、结合剂、组织、形状和尺寸等。

磨料直接担负着切削工作，必须硬度高、耐热性好，还必须有锋利的棱边和一定的强度。常用的磨料有刚玉类、碳化硅类和超硬磨料。常用的几种刚玉类、碳化硅类磨料的代号、特点及适用范围见表5.1。其余几种为铬刚玉（PA）、微晶刚玉（MA）、单晶刚玉（SA）、人造金刚石（SD）和立方氮化硼（CBN）。

表5.1 常用磨料的特点及其用途

磨料名称	代号	特　点	用　途
棕刚玉	A	硬度高，韧性好，价格较低	适合于磨削各种碳钢、合金钢和可锻铸铁等
白刚玉	WA	比棕刚玉硬度高，韧性低，价格较高	适合于加工淬火钢、高速钢和高碳钢
黑色碳化硅	C	硬度高，性脆而锋利，导热性好	用于磨削铸铁、青铜等脆性材料及硬质合金刀具
绿色碳化硅	GC	硬度比黑色碳化硅更高，导热性好	主要用于加工硬质合金、宝石、陶瓷和玻璃等

粒度是指磨粒颗粒的大小。以刚能通过的那一号筛网的网号来表示磨料的粒度，如60号微粉；当磨粒的直径 $<40\mu m$ 时，如W20磨粒尺寸在 $20\sim14\mu m$ 粗磨用粗粒度，精磨用细粒度；当工件材料软、塑性大、磨削面积大时，采用粗粒度，以免堵塞砂轮烧伤工件。可用筛选法或显微镜测量法来区别。

硬度是指砂轮上磨料在外力作用下脱落的难易程度，取决于结合剂的结合能力及所占比例，与磨料硬度无关。磨粒易脱落，表明砂轮硬度低，反之则表明砂轮硬度高。硬度分为7大级（超软、软、中软、中、中硬、硬、超硬），16小级。砂轮硬度选择原则如下：

1）磨削硬材，选软砂轮；磨削软材，选硬砂轮。

2）磨导热性差的材料，不易散热，选软砂轮以免工件烧伤。

3）当砂轮与工件接触面积大时，选较软的砂轮。

4）当成形磨精磨时，选硬砂轮；粗磨时选较软的砂轮。

大体上说，当磨硬金属时，用软砂轮；当磨软金属时，用硬砂轮。常用的结合剂有陶瓷结合剂（代号V）、树脂结合剂（代号B）、橡胶结合剂（代号R）和金属结合剂（代号M）等。陶瓷结合剂（V）化学稳定性好、耐热、耐腐蚀、价廉，占90%，但性脆，不宜制成薄片，不宜高速，线速度一般为35m/s。树脂结合剂（B）强度高弹性好，耐冲击，适于高速磨或切槽切断等工作，但耐蚀性耐热性差（300℃），自锐性好。橡胶结合剂（R）强度高弹性好，耐冲击，适于抛光轮、导轮及薄片砂轮，但耐蚀性耐热性差（200℃），自锐性好。金属结合剂（M）青铜、镍等，强度韧性高，成形性好，但自锐性差，适于金刚石和立方氮化硼砂轮。

组织是指砂轮中磨料、结合剂和空隙三者体积的比例关系。组织号是由磨料所占的百分比来确定的。反映了砂轮中磨料、结合剂和气孔三者体积的比例关系，即砂轮结构的疏密程度，组织分为紧密、中等和疏松三类13级。紧密组织成形性好，加工质量高，适于成形磨、精密磨和强力磨削。中等组织适于一般磨削工作，如淬火钢和刀具刃磨等。疏松组织不易堵塞砂轮，适于粗磨、磨软材、磨平面和内圆等接触面积较大时，磨热敏感性强的材料或薄件。

根据机床结构与磨削加工的需要，砂轮制成各种形状和尺寸。为方便选用，在砂轮的非工作表面上印有特性代号，如代号 PA60KV6P300 × 40 × 75，表示砂轮的磨料为铬刚玉（PA），粒度为 60 号，硬度为中软（K），结合剂为陶瓷（V），组织号为 6 号，形状为平形砂轮（P），尺寸外径为 300mm，厚度为 40mm，内径为 75mm。

（2）砂轮的安装与平衡

因砂轮在高速下工作，安装时应首先检查外观没有裂纹后，再用木锤轻敲，如果声音暗哑，则禁止使用，否则砂轮破裂后会飞出伤人。砂轮的安装方法如图 5.5 所示。

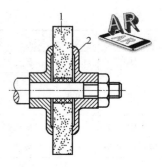

为使砂轮工作平稳，一般直径大于 125mm 的砂轮都要进行平衡试验，如图 5.6 所示。将砂轮装在心轴 2 上，再将心轴放在平衡架 6 的平衡轨道 5 的刃口上。若不平衡，较重部分总是转到下面。这可移动法兰盘端面环槽内的平衡铁 4 进行调整。经反复平衡试验，直到砂轮可在刃口上任意位置都能静止，即说明砂轮各部分的质量分布均匀，这种方法称为静平衡。

（3）砂轮的修整

砂轮工作一定时间后，磨粒逐渐变钝，这时必须修整。修整时，将砂轮表面一层变钝的磨粒切去，使砂轮重新露出完整锋利的磨粒，以恢复砂轮的几何形状。砂轮常用金刚石笔进行

图 5.5　砂轮的安装方法
1—砂轮；2—弹性垫板

修整，如图 5.7 所示。修整时要使用大量的切削液，以免金刚石因温度急剧升高而破裂。砂轮修整除用于磨损砂轮外，还用于以下场合：①砂轮被切屑堵塞；②部分工材黏结在磨粒上；③砂轮廓形失真；④精密磨中的精细修整等。

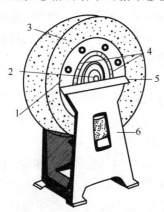

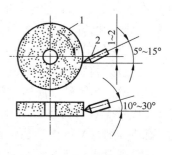

图 5.6　砂轮的平衡
1—砂轮套筒；2—心轴；3—砂轮；4—平衡铁；
5—平衡轨道；6—平衡架

图 5.7　砂轮的修整
1—砂轮；2—金刚石笔

【任务实施】

1. 砂轮训练

（1）认识砂轮结构，在老师的指导下，按图 5.5 所示，调整砂轮，掌握砂轮静平衡的调节方法。

（2）磨床操作，启动电源开关，按主电动机启动按钮，磨床砂轮旋转，调整好行程开关位置，起动进给运动。反复多次，直到较熟练掌握机床操纵。

（3）用一个两端加工了中心孔的圆棒料，在老师的指导下，在外圆磨床上进行磨外圆加工，通过实训，认识外圆磨床，掌握正确操作外圆磨床的方法。

（4）用一个 16mm×16mm×50mm 的毛坯，在老师的指导下，在平面磨床进行磨平面加工，通过实训，认识平面磨床，掌握正确操作平面磨床的方法。

【归纳总结】

通过实训，认识磨床和磨削加工，掌握磨床基本操作。

【任务评价】

本任务以认识磨床和砂轮为主，主要检验学生掌握磨床正确操作方法。

项　目	得　分	备　注
实习纪律		30分
磨床操作		20分
砂轮静平衡调整		20分
砂轮修整		20分
安全操作		10分

任务2：传动轴磨削训练

图5.1所示为减速器传动轴，初加工完成后，在本任务中进行磨削精加工。

【任务引入】

磨削加工是机械加工中最常用的一个工种。熟悉常用平面的磨削和外圆磨削的加工方法，对掌握高精度零件的加工方法是非常重要的。

【任务分析】

本任务是熟悉磨床的操作，了解各种表面的磨削方法。

【相关知识】

由于磨削的加工精度高，表面粗糙度值小，能磨高硬脆的材料，因此应用十分广泛。现仅就内外圆柱面、内外圆锥面及平面的磨削方法进行讨论。

1. 外圆磨削

外圆磨削是一种基本的磨削方法，它适于轴类及外圆锥零件的外表面磨削。在外圆磨床上磨削外圆常用的方法有纵磨法、横磨法和综合磨法三种。

（1）纵磨法

如图5.8所示，磨削时，砂轮高速旋转起切削作用（主运动），零件转动（圆周进给）并与工作台一起做往复直线运动（纵向进给），当每一纵向行程或往复行程终了时，砂轮做周期性横向进给（背吃刀量）。每次背吃刀量很小，磨削余量是在多次往复行程中磨去的。当零件加工到接近最终尺寸时，采用无横向进给的几次光磨行程，直至火花消失为止，以提高零件的加工精度。纵向磨削的特点是具有较大适应性，一个砂轮可磨削长度不同的直径不等的各种零件，且加工质量好，但磨削效率较低。目前生产中，特别是单件小批生产以及精磨时广泛采用这种方法，尤其适用于细长轴的磨削。

（2）横磨法

如图 5.9 所示，当横磨削时，采用砂轮的宽度大于零件表面的长度，零件无纵向进给运动，而砂轮以很慢的速度连续地或断续地向零件做横向进给，直至余量被全部磨掉为止。横磨的特点是生产率高，但精度及表面质量较低。该法适于磨削长度较短、刚性较好的零件。当零件磨到所需的尺寸后，如果需要靠磨台肩端面，则将砂轮退出 0.005 ~ 0.01mm，手摇工作台纵向移动手轮，使零件的台端面贴靠砂轮，磨平即可。

（3）综合磨法

是先用横磨分段粗磨，相邻两段间有 5 ~ 15mm 重叠量，如图 5.10 所示，然后将留下的 0.01 ~ 0.03mm 余量用纵磨法磨去。当加工表面的长度为砂轮宽度的 2 ~ 3 倍以上时，可采用综合磨法。综合磨法能集纵磨、横磨法的优点为一身，既能提高生产率，又能提高磨削质量。

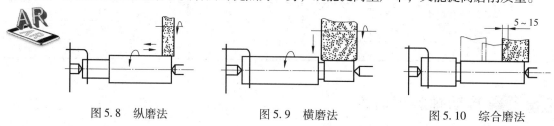

图 5.8　纵磨法　　　　图 5.9　横磨法　　　　图 5.10　综合磨法

2. 内圆磨削

内圆磨削的方法与外圆磨削相似，只是砂轮的旋转方向与磨削外圆时相反，操作方法以纵磨法应用最广，且生产率较低，磨削质量较低。原因是由于受零件孔径限制使砂轮直径较小，砂轮圆周速度较低，所以生产率较低。又由于冷却排屑条件不好，砂轮轴伸出长度较长，使得表面质量不易提高。但由于磨孔具有万能性，不需成套刀具，故在单件小批生产中应用较多，特别是淬火零件，磨孔仍是精加工孔的主要方法。砂轮在零件孔中的接触位置有两种：一种是与零件孔的后面接触，这时切削液和磨屑向下飞溅，不影响操作人员的视线和安全；另一种是与零件孔的前面接触，情况正好与上述相反。通常，在内圆磨床上采用后面接触，而在万能外圆磨床上磨孔，应采用前面接触方式，这样可采用自动横向进给。若采用后接触方式，则只能手动横向进给。

3. 平面磨削

平面磨削常用的方法有周磨（在卧轴矩形工作台平面磨床上以砂轮圆周表面磨削零件）和端磨（在立轴圆形工作台平面磨床上以砂轮端面磨削零件）两种，见表 5.2。

表 5.2　周磨和端磨的比较

分类	砂轮与零件的接触面积	排屑及冷却条件	零件发热变形	加工质量	效率	适用场合
周磨	小	好	小	较高	低	精磨
端磨	大	差	大	较低	高	粗磨

4. 圆锥面磨削

圆锥面磨削通常有转动工作台法和转动头架法两种。

（1）转动工作台法

转动工作台磨削外圆锥表面如图5.11所示，转动工作台磨削内圆锥面如图5.12所示。转动工作台法大多用于锥度较小、锥面较长的零件。

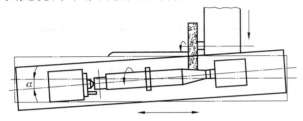

图5.11 转动工作台磨削外圆锥表面

（2）转动零件头架法

转动零件头架法常用于锥度较大、锥面较短的内外圆锥面，图5.13所示为转动头架磨削内圆锥面。

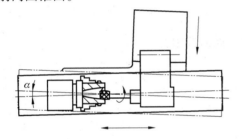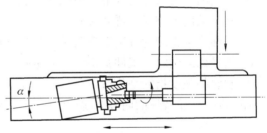

图5.12 转动工作台磨削内圆锥面　　　　图5.13 转动头架磨削内圆锥面

【任务实施】

（1）安装工件，用两顶尖定位，鸡心夹头安装在零件一头，采用纵磨法磨削直径为 $\phi62mm$ 的表面，有一半位置磨到后，用外径千分尺测量两端，如果左右两端尺寸相同，则没有锥度；如果不同，则按图5.11所示，转动工作台，磨削直径为 $\phi62mm$ 的表面，反复该过程直到没有锥度为止。

（2）手动进给，采用纵磨或横磨的方法，磨削直径为 $\phi62mm$ 表面右边的所有面，留0.02mm的余量，掉头安装工件，重复上述工作。

（3）按图5.7所示的方法修磨砂轮，表面粗糙度要求高的，用较小的机动进给修磨砂轮，反之，用较大机动进给。

（4）重复（2），磨削到满足零件技术要求。

【归纳总结】

通过磨削实训，掌握外圆磨床的操作，了解影响磨削质量的因素。

【任务评价】

本任务以认识砂轮为主，主要检验学生正确掌握磨削的方法。

项　目	得　分	备　注
实习纪律		30 分
机床调整		5 分
砂轮修整		5 分
加工质量		50 分
安全操作		10 分

复习思考题

1. 磨削加工的特点是什么？

2. 万能外圆磨床由哪几部分组成？各有何作用？

3. 当磨削外圆时，工件和砂轮需做哪些运动？

4. 磨削用量有哪些？在磨不同表面时，砂轮的转速是否应改变？为什么？

5. 磨削时需要大量切削液的目的是什么？

6. 常见的磨削方式有哪几种？

7. 平面磨削常用的方法有哪几种？各有何特点？如何选用？

8. 当平面磨削时，工件常由什么固定？

9. 砂轮的硬度指的是什么？

10. 表示砂轮特性的内容有哪些？

项目6 刨工实训

【教学目标】

◎**知识目标**

通过本项目的训练，使学生了解刨工工作在机械制造中的作用。了解刨工应完成的工作内容，了解刨床及附件的工作原理和正确使用方法，了解刨工工作的安全操作。

◎**技能目标**

通过本项目的训练，使学生能掌握刨削的基本方法，熟悉刨床夹具的操作和调整，掌握刨工常用工具、量具的正确使用方法，独立完成零件上平面和槽的加工。

◎**情感与态度目标**

培养学生的表达、沟通能力和团队协作精神，培养学生的安全生产意识、效率意识及环保意识，培养学生的创新能力、自我发展能力，培养学生爱岗敬业的工作作风。

【项目分析】

根据项目目标，涉及内容较多，具体实施分为两个任务完成，具体如下：

任务1：刨削基本知识；

任务2：典型表面刨削训练。

【项目实施】

任务1：刨削基本知识

图6.1所示为刨削加工训练零件图，通过加工该零件图，认识刨床和刨床附件，掌握牛头刨床的基本操作。

【任务引入】

刨削加工是机械加工中的一个工种。熟悉刨削加工的基本知识，对保证刨削质量，提高刨削效率是非常重要的。

【任务分析】

本任务是熟悉刨削基本知识，了解刨削加工

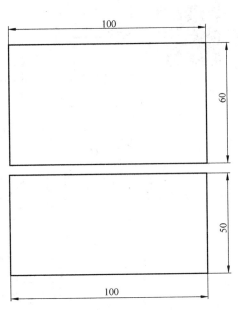

图6.1 刨削加工训练零件图

的特点，刨削加工的应用等。

【相关知识】

在牛头刨床上加工时，刨刀的纵向往复直线运动为主运动，零件随工作台做横向间歇进给运动，如图 6.2 所示。

1. 刨削加工的特点

（1）生产率一般较低。刨削是不连续的切削过程，刀具切入、切出时切削力有突变，将引起冲击和振动，限制了刨削速度的提高。此外，单刃刨刀实际参加切削的长度有限，一个表面往往要经过多次行程才能加工出来，刨刀返回行程时不进行工作。由于以上原因，刨削生产率一般低于铣削，但对于狭长表面（如导轨面）的加工，以及在龙门刨床上进行多刀、多件加工，其生产率可能高于铣削。

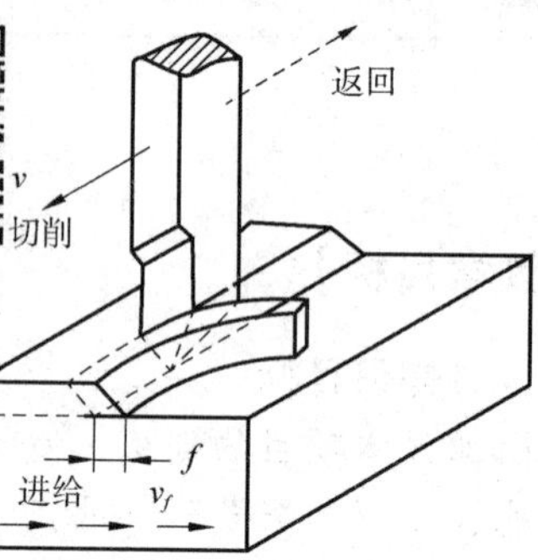

图 6.2　牛头刨床的刨削运动和切削用量

（2）刨削加工通用性好、适应性强。刨床结构较车床、铣床等简单，调整和操作方便。

（3）刨刀形状简单，和车刀相似，制造、刃磨和安装都较方便；刨削时一般不需加切削液。

2. 刨削加工范围

刨削加工的尺寸精度一般为 IT9 ～ IT8，表面粗糙度 Ra 值为 $6.3 ～ 1.6\,\mu m$，当用宽刀精刨时，Ra 值可达 $1.6\,\mu m$。此外，刨削加工还可保证一定的相互位置精度，如面对面的平行度和垂直度等。刨削在单件小批生产和修配工作中得到广泛应用。刨削主要用于加工各种平面（水平面、垂直面和斜面）、各种沟槽（直槽、T 形槽和燕尾槽等）和成形面等，如图 6.3 所示。

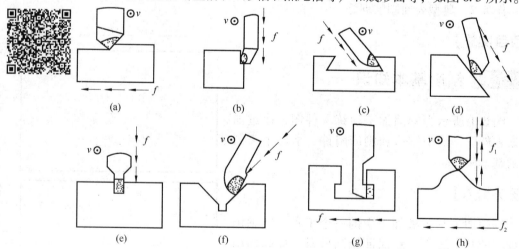

图 6.3　刨削加工的主要应用

（a）平面刨刀刨平面；（b）偏刀刨垂直面；（c）角度偏刀刨燕尾槽；

（d）偏刀刨斜面；（e）切刀切断；（f）偏刀刨 V 形槽；

（g）弯切刀刨 T 形槽；（h）成形刨刀刨成形面

3. 刨床

刨床主要有牛头刨床和龙门刨床，常用的是牛头刨床。牛头刨床最大的刨削长度一般不超过1000mm，适合于加工中小型零件。龙门刨床由于其刚性好，而且有2~4个刀架可同时工作，因此，它主要用于加工大型零件或同时加工多个中、小型零件，其加工精度和生产率均比牛头刨床高。刨床上加工的典型零件如图6.4所示。

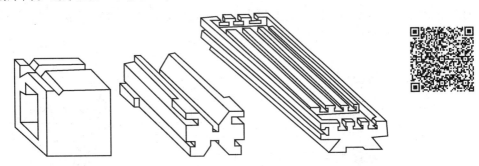

图6.4 刨床上加工的典型零件

（1）牛头刨床

1）牛头刨床的组成

图6.5所示为B6065型牛头刨床的外形。在型号B6065中，B为机床类别代号，表示刨床，读作"刨"；6和0分别为机床组别和系别代号，表示牛头刨床；65为主参数最大刨削长度的1/10，即最大刨削长度为650mm。

B6065型牛头刨床主要由以下几部分组成：

①床身用以支撑和连接刨床各部件，其顶面水平导轨供滑枕带动刀架进行往复直线运动，侧面的垂直导轨供横梁带动工作台升降，床身内部有主运动变速机构和摆杆机构。

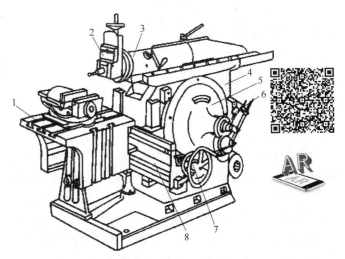

图6.5 B6065型牛头刨床的外形
1—工作台；2—刀架；3—滑枕；4—床身；
5—摆杆机构；6—变速机构；
7—进给机构；8—横梁

②滑枕用以带动刀架沿床身水平导轨做往复直线运动。滑枕往复直线运动的快慢、行程的长度和位置，均可根据加工需要调整。

③刀架用以夹持刨刀，其结构如图6.6所示。当转动刀架手柄5时，滑板4带着刨刀沿刻度转盘7上的导轨上、下移动，以调整背吃刀量或加工垂直面时做进给运动。松开刻度转盘7上的螺母，将刻度转盘扳转一定角度，可使刀架斜向进给，以加工斜面。刀座3装在滑板4上，抬刀板2可绕刀座上的销轴向上抬起，以使刨刀在返回行程时离开零件已加工表面，以减少刀具与零件的摩擦。

④工作台用以安装零件，可随横梁做上下调整，也可沿横梁导轨做水平移动或间歇进给运动。

2）牛头刨床的传动系统

B6065型牛头刨床的传动系统主要包括摆杆机构和棘轮机构。

①摆杆机构的作用是将电动机传来的旋转运动变为滑枕的往复直线运动，结构如图6.7所示。摆杆7上端与滑枕内的螺母2相连，下端与支架5相连。摆杆齿轮3上的偏心滑块6与摆杆7上的导槽相连。当摆杆齿轮3由小齿轮4带动旋转时，偏心滑块就在摆杆7的导槽内上下滑动，从而带动摆杆7绕支架5中心左右摆动，于是滑枕便做往复直线运动。摆杆齿轮转动一圈，滑枕带动刨刀往复运动一次。

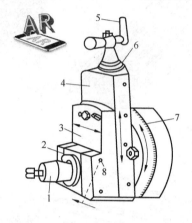

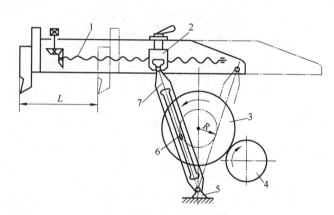

图6.6　刀架

1—刀夹；2—抬刀板；3—刀座；4—滑板；
5—手柄；6—刻度环；7—刻度转盘；8—销轴

图6.7　摆杆机构

1—丝杠；2—螺母；3—摆杆齿轮；4—小齿轮；
5—支架；6—偏心滑块；7—摆杆

②棘轮机构的作用是使工作台在滑枕完成回程与刨刀再次切入零件之前的瞬间，做间歇横向进给，横向进给机构如图6.8a所示，棘轮机构如图6.8b所示。

齿轮5与摆杆齿轮为一体，当摆杆齿轮逆时针旋转时，齿轮5带动齿轮6转动，使连杆4带动棘爪3逆时针摆动。当棘爪3逆时针摆动时，其上的垂直面拨动棘轮2转过若干齿，使横向丝杠8转过相应的角度从而实现工作台的横向进给。而当棘轮顺时针摆动时，由于棘爪后面为一斜面，只能从棘轮齿顶滑过，不能拨动棘轮，所以工作台静止不动，这样就实现了工作台的横向间歇进给。

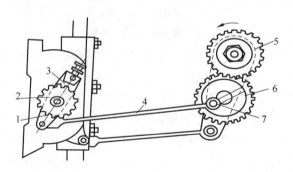

图6.8　牛头刨床横向进给机构

（a）横向进给机构；（b）棘轮机构

1—棘爪架；2—棘轮；3—棘爪；4—连杆；5、6—齿轮；7—偏心销；8—横向丝杠；9—棘轮罩

（2）龙门刨床

龙门刨床因有一个"龙门"式的框架而得名。与牛头刨床不同的是，在龙门刨床上加工时，零件随工作台的往复直线运动为主运动，进给运动是垂直刀架沿横梁上的水平移动和侧刀架在立柱上的垂直移动。龙门刨床适用于刨削大型零件，零件长度可达几米、十几米，甚至几十米。也可在工作台上同时装夹几个中、小型零件，用几把刀具同时加工，故生产率较高。龙门刨床特别适于加工各种水平面、垂直面及各种平面组合的导轨面和 T 形槽等。龙门刨床的外形如图 6.9 所示。

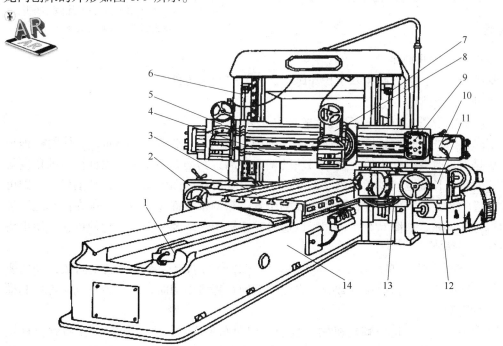

图 6.9　龙门刨床的外形

1—液压安全器；2—左侧刀架进给箱；3—工作台；4—横梁；5—左垂直刀架；6—左立柱；
7—右立柱；8—右垂直刀架；9—悬挂按钮站；10—垂直刀架进给箱；11—右侧刀架进给箱；
12—工作台减速箱；13—右侧刀架；14—床身

龙门刨床的主要特点是自动化程度高，各主要运动的操纵都集中在机床的悬挂按钮站和电气柜的操纵台上，操纵十分方便；工作台的工作行程和空回行程可在不停车的情况下实现无级变速；横梁可沿立柱上下移动，以适应不同高度零件的加工；所有刀架都有自动抬刀装置，并可单独或同时进行自动或手动进给，垂直刀架还可转动一定的角度，用来加工斜面。

4. 刨刀

刨刀的几何形状与车刀相似，但刀杆的截面面积比车刀大 1.25～1.5 倍，以承受较大的冲击力。刨刀的前角 γ_o 比车刀稍小，刃倾角取较大的负值，以增加刀头的强度。刨刀的一个显著特点是刨刀的刀头往往做成弯头，图 6.10 所示为弯头刨刀和直头刨刀比较示意图。做成弯头的目的是为了当刀具碰到零件表面上的硬点时，刀头能绕 O 点向后上方弹起，使切削刃离开零件表面，不会啃入零件已加工表面或损坏切削刃，因此，弯头刨刀比直头刨刀应用更广泛。

刨刀的种类及其应用：刨刀的形状和种类依加工表面形状不同而有所不同。常用刨刀及其应用如图6.3所示。平面刨刀用以加工水平面，偏刀用于加工垂直面、台阶面和斜面，角度偏刀用以加工角度和燕尾槽，切刀用以切断或刨沟槽，内孔刀用以加工内孔表面（如内键槽），弯切刀用以加工 T 形槽及侧面上的槽，成形刀用以加工成形面。

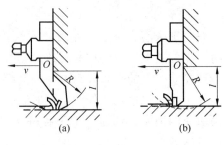

图6.10　弯头刨刀和直头刨刀比较示意图
（a）弯头刨刀；（b）直头刨刀

【任务实施】

（1）认识牛头刨床的结构

在老师的指导下，进行刨床基本操作练习、刀具安装和工件安装。

（2）牛头刨床的调整

1）滑枕行程长度、起始位置和速度的调整

当刨削时，滑枕行程的长度一般应比零件刨削表面的长度长 30～40mm，滑枕的行程长度调整方法是通过改变摆杆齿轮上偏心滑块的偏心距离，其偏心距越大，摆杆摆动的角度就越大，滑枕的行程长度也就越长；反之，则越短。松开滑枕内的锁紧手柄，转动丝杠，即可改变滑枕行程的起始点，使滑枕移到所需要的位置。当调整滑枕速度时，必须在停车之后进行，否则将打坏齿轮，如图 6.5 所示，可以通过变速机构 6 来改变变速齿轮的位置，使牛头刨床获得不同的转速。

2）工作台横向进给量的大小、方向的调整。工作台的进给运动既要满足间歇运动的要求，又要与滑枕的工作行程协调一致，即在刨刀返回行程将结束时，工作台连同零件一起横向移动一个进给量。

牛头刨床的进给运动是由棘轮机构实现的。如图 6.8 所示，棘爪架空套在横梁丝杠轴上，棘轮用键与丝杠轴相连。工作台横向进给量的大小，可通过改变棘轮罩的位置，从而改变棘爪每次拨过棘轮的有效齿数来调整。当棘爪拨过棘轮的齿数较多时，进给量大；反之则小。

此外，还可通过改变偏心销 7 的偏心距来调整，偏心距小，棘爪架摆动的角度就小，棘爪拨过的棘轮齿数少，进给量就小；反之，进给量则大。若将棘爪提起后转动 180°，可使工作台反向进给。当把棘爪提起后转动 90°时，棘轮便与棘爪脱离接触，此时可手动进给。

（3）刨刀的安装

如图 6.11 所示，当安装刨刀时，将转盘对准零线，以便准确控制背吃刀量，刀头不要伸出太长，以免产生振动和折断。直头刨刀伸出长度一般为刀杆厚度的 1.5～2 倍，弯头刨刀伸出长度可稍长些，以弯曲部分不碰刀座为宜。当装刀或卸刀时，应使刀尖离开零件表面，以防损坏刀具或者擦伤零件表面，必须一只手扶住刨刀，另一只手使用扳手，用力方向自上而下，否则容

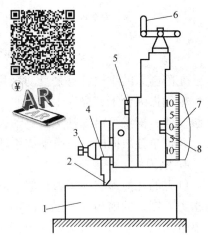

图6.11　刨刀的安装
1—零件；2—刀头伸出要短；3—刀夹螺钉；
4—刀夹；5—刀座螺钉；6—刀架进给手柄；
7—转盘对准零线；8—转盘螺钉

易将抬刀板掀起，碰伤或夹伤手指。

（4）工件的安装

在刨床上零件的安装方法视零件的形状和尺寸而定。常用的有平口虎钳安装、工作台安装和专用夹具安装等，装夹零件方法与铣削相同，可参照铣床中零件的安装及铣床附件所述内容。

用一个大小适中的板料毛坯，在老师的指导下，在牛头刨床上进行刨平面加工，通过实训，认识牛头刨床，掌握正确操作牛头刨床的方法，能根据实际加工情况，调整刨削用量。

【归纳总结】

通过实训，认识牛头刨床和刨削加工，掌握刨床的基本操作。

【任务评价】

本任务以认识刨床为主，主要检验学生掌握正确使用刨床的方法。

项　目	得　分	备　注
实习纪律		30 分
刨床		20 分
刨刀调整		20 分
工件安装		20 分
安全操作		10 分

任务2：典型表面刨削训练

图 6.1 所示为刨削加工训练零件图，通过加工该零件图，掌握典型表面的刨削加工方法。

【任务引入】

刨削加工是机械加工中的一个工种。了解常用面的刨削加工，对正确使用和安全操作设备是非常重要的。

【任务分析】

本任务是掌握刨削加工的基本技能，了解常用面的加工等基本知识。

【相关知识】

较熟练掌握刨床基本操作的基础上，进行典型表面加工训练。

1. 刨平面

刨削水平面的顺序如下：

（1）正确安装刀具和零件。

（2）调整工作台的高度，使刀尖轻微接触零件表面。

（3）调整滑枕的行程长度和起始位置。

（4）根据零件材料、形状和尺寸等要求，合理选择切削用量。

（5）试切，先用手动试切。进给 1～1.5mm 后停车，测量尺寸，根据测得结果调整背吃刀量，再自动进给进行刨削。当零件表面粗糙度 Ra 值低于 6.3μm 时，应先粗刨，再精刨。精刨时，背吃刀量和进给量应小些，切削速度应适当高些。此外，在刨刀返回行程时，用手掀起刀座上的抬刀板，使刀具离开已加工表面，以保证零件表面质量。

（6）检验。零件刨削完工后，停车检验，尺寸和加工精度合格后即可卸下。

2. 刨垂直面和斜面

刨垂直面如图 6.12 所示。此时采用偏刀，并使刀具的伸出长度大于整个刨削面的高度。刀架转盘应对准零线，以使刨刀沿垂直方向移动。刀座必须偏转 10°～15°，以使刨刀在返回行程时离开零件表面，减少刀具的磨损，避免零件已加工表面被划伤。刨垂直面和斜面的加工方法一般在不能或不便于进行水平面刨削时才使用。

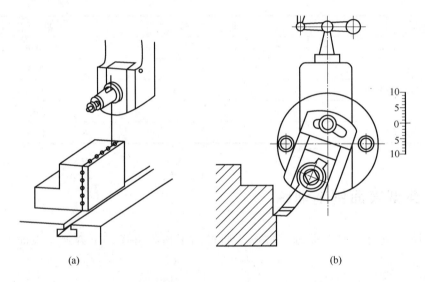

(a)　　　　　　　　　　　　　　　(b)

图 6.12　刨垂直面
（a）按划线找正；（b）调整刀架垂直进给

刨斜面与刨垂直面基本相同，只是刀架转盘必须按零件所需加工的斜面扳转一定角度，以使刨刀沿斜面方向移动。如图 6.13 所示，采用偏刀或样板刀，转动刀架手柄进行进给，可以刨削左侧或右侧斜面。

3. 刨沟槽

（1）刨直槽时用切刀以垂直进给完成，如图 6.14 所示。

（2）刨 V 形槽如图 6.15 所示，先按刨平面的方法把 V 形槽粗刨出大致形状如图 6.15a 所示，然后用切刀刨 V 形槽底的直角槽，如图 6.15b 所示，再按刨斜面的方法用偏刀刨 V 形槽的两斜面，如图 6.15c 所示，最后用样板刀精刨至图样要求的尺寸精度和表面粗糙度，如图 6.15d 所示。

（3）当刨 T 形槽时，应先在零件端面和上平面划出加工线，如图 6.16 所示。

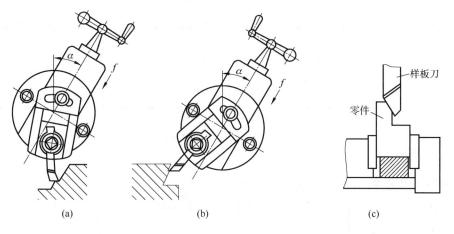

图 6.13　刨斜面

（a）用偏刀刨左侧斜面；（b）用偏刀刨右侧斜面；（c）用样板刀刨斜面

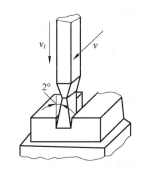

图 6.14　刨直槽

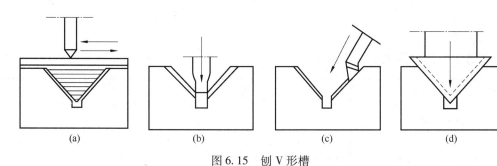

图 6.15　刨 V 形槽

（a）刨平面；（b）刨直角槽；（c）刨斜面；（d）样板刀精刨

（4）刨燕尾槽与刨 T 形槽相似，应先在零件端面和上平面划出加工线，如图 6.17 所示，但刨侧面时需用角度偏刀，如图 6.18 所示，刀架转盘要扳转一定角度。

4. 刨成形面

在刨床上刨削成形面，通常是先在零件的侧面划线，然后根据划线分别移动刨刀做垂直进给和移动工作台做水平进给，从而加工出成形面。也可用成形刨刀加工，使刨刀刃口形状与零件表面一致，一次成形。

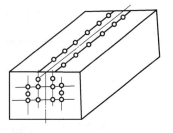

图 6.16　T 形槽零件划线图

141

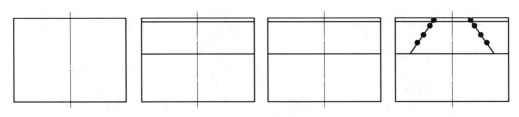

图 6.17　燕尾槽的划线

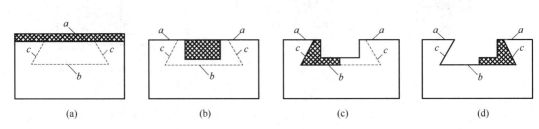

图 6.18　燕尾槽的刨削步骤

（a）刨平面；（b）刨直槽；（c）刨左燕尾槽；（d）刨右燕尾槽

【任务实施】

按刨平面的方法刨削图 6.1 所示零件。

【归纳总结】

通过刨削实训，认识刨削加工的特点、工艺范围、加工精度和加工效率，掌握刨削加工的基本技能。

【任务评价】

本任务以掌握刨削加工方法为主。

项　目	得　分	备　注
实习纪律		30 分
刨平面		20 分
刨斜面		20 分
刨沟槽		20 分
安全操作		10 分

复习思考题

1. 牛头刨床刨削平面时的主运动和进给运动各是什么？

2. 牛头刨床主要由哪几部分组成？各有何作用？刨削前需如何调整？

3. 牛头刨床刨削平面时的间歇进给运动是靠什么实现的？

4. 滑枕往复直线运动的速度是如何变化的？为什么？

5. 刨削加工中刀具最容易损坏的原因是什么？

6. 牛头刨床横向进给量的大小是靠什么实现的？

7. 刨削的加工范围有哪些？

8. 常见的刨刀有哪几种？试分析切削用量大的刨刀为什么做成弯头的？

9. 刀座的作用是什么？当刨削垂直面和斜面时，如何调整刀架的各个部分？

10. 刨刀和车刀相比，其主要差别是什么？

11. 当牛头刨床在刨工件时，其摇杆（摆杆）长度是否有变化？靠何种机构来补偿？

项目7 焊接实训

【教学目标】

◎**知识目标**

通过本项目的训练，使学生了解焊接工作在机械制造中的作用。了解焊工应完成的工作内容，了解焊接设备的工作原理和正确使用方法，了解焊工工作的安全操作。

◎**技能目标**

通过本项目的训练，使学生能掌握焊接的基本方法，掌握焊接设备的正确使用方法，独立完成电弧焊和气焊。

◎**情感与态度目标**

培养学生的表达、沟通能力和团队协作精神，培养学生的安全生产意识、效率意识及环保意识，培养学生的创新能力、自我发展能力，培养学生爱岗敬业的工作作风。

【项目分析】

根据项目目标，涉及内容较多，具体实施分为三个任务完成，具体如下：

任务1：焊接基本知识；

任务2：焊条电弧焊和气焊；

任务3：焊接检验。

【项目实施】

 任务1： 焊接基本知识

准备不同厚度的板料，通过焊接，了解焊接原理、焊接方法和焊接特点。

【任务引入】

焊接是机械加工中的一个工种。熟悉焊接的基本知识，了解焊接件的性能。

【任务分析】

本任务是熟悉焊接的基本知识，了解焊接的特点，焊接的应用等。

【相关知识】

1. 定义及应用

焊接是指通过适当的物理化学过程（如加热、加压或二者并用等方法），使两个或两个以上分离的物体产生原子（分子）间的结合力而连接成一体的连接方法，是金属加工的一种重要工艺。广泛应用于机械制造、造船业、石油化工、汽车制造、桥梁、锅炉、航空航天、原子能、电子电力和建筑等领域。

2. 焊接方法和特点

目前在工业生产中应用的焊接方法已达百余种。根据焊接过程和特点可将其分为熔焊、压焊和钎焊三大类，每大类可按不同的方法分为若干小类，如图 7.1 所示。

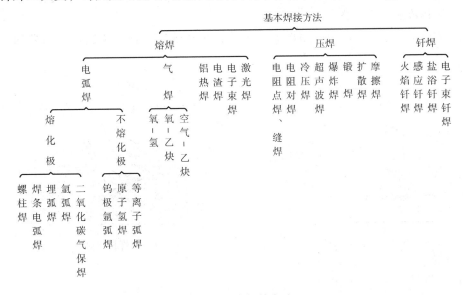

图 7.1　基本焊接方法

（1）熔焊是通过将需连接两构件的接合面加热熔化成液体，然后冷却结晶连成一体的焊接方法。

（2）压焊是在焊接过程中，对焊件施加一定的压力，同时采取加热或不加热的方式，完成零件连接的焊接方法。

（3）钎焊是利用熔点低于被焊金属的钎料，将零件和钎料加热到钎料熔化，利用钎料润湿母材，填充接头间隙并与母材相互熔解和扩散而实现的连接方法。

焊接成形的特点如下：

能以小拼大、化大为小，简化了复杂的机器零部件，可获得最佳技术经济效果。

能制造多金属结构，充分利用了材料性能；焊接接头的密封性好；节省金属，材料利用率高；不可拆卸，维修不方便；焊接应力和变形较大，且接头的组织性能不均匀。

电弧焊基本原理

电弧：两个电极之间的气体介质内产生的一种强烈而持久的放电现象。

焊接电弧：由焊接电流供给的具有一定电压的两电极间（或电极、母材间）在气体介质中产生的强烈而持久的放电现象。

电弧焊：利用电弧作为热源的焊接方法。

熔池：熔焊时，在焊接热源的作用下，焊件上所形成的具有一定几何形状的液态金属部分。

焊缝：焊件经焊接后所形成的结合部分。

3. 焊接技能

（1）焊接原理

电弧形成的条件：正负电极之间具有一定的电压，两电极之间的气体介质处于电离状态，如图7.2所示。

将两电极接通电源，短暂接触并迅速分离，接触时：发生短路，产生极大的短路电流，使接触点产生大量的热，电极表面迅速升温，两者均熔化；分离时：大量电子放射，形成电弧。

（2）焊接冶金过程（图7.3）

电弧焊的焊接过程，如同一座微型电弧炼钢炉在炼钢一样，要进行一系列的冶金反应过程。

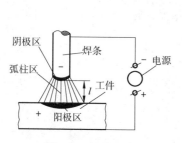

图7.2　焊接原理

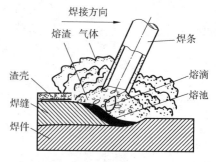

图7.3　焊接冶金过程

（3）电弧焊的冶金过程特点

1）金属熔池体积很小（$2 \sim 3cm^3$），而且熔池处于液态的时间很短（10s以下），各种冶金反应进行得不充分。

2）在电弧高温作用下，金属易氧化、氮化，形成有害杂质，如：Fe_xO_x、SiO_2、CO 和 MnO 等。

3）在电弧高温作用下，有益金属元素发生剧烈的烧损和蒸发，降低了焊缝的性能。

4）焊缝熔池周围被冷金属包围，温度梯度很大，易使焊件产生较大的应力和变形，甚至产生裂缝。

（4）采取措施

1）限制空气侵入焊接区。

2）渗入有用的合金元素，提高焊缝的力学性能。

3）焊接时，清除焊件和焊条等表面的杂物（如油、水和氧化皮等）。

【任务实施】

（1）现场演示焊条电弧焊。

（2）介绍焊接基本知识。

【归纳总结】

了解焊接的原理及特点。

【任务评价】

本任务以认识焊接为主。主要检验学生了解焊接特点。

项　目	得　分	备　注
实习纪律		30 分
焊接方法		20 分
焊接原理		20 分
焊接特点		20 分
安全操作		10 分

任务2：焊条电弧焊和气焊

焊条电弧焊准备同种材料毛坯，气焊可以是异种材料，形状、规格和大小不限。

【任务引入】

焊条电弧焊和气焊是焊接工艺的一种常用焊接方法。了解焊条电弧焊和气焊的基本知识。

【任务分析】

本任务是熟悉焊条电弧焊和气焊的基本知识，了解焊条电弧焊接和气焊工艺等，掌握其基本技能。

【相关知识】

1. 电弧焊

电弧焊是利用电弧热源加热零件实现熔化焊接的方法。在焊接过程中电弧把电能转化成热能和机械能，加热零件，使焊丝或焊条熔化并过渡到焊缝熔池中去，熔池冷却后形成一个完整的焊接接头。电弧焊应用广泛，可以焊接板厚从 0.1mm 到数百毫米的金属结构件，在焊接领域中占有十分重要的地位。

电弧是电弧焊接的热源，电弧燃烧的稳定性对焊接质量有重要影响。焊接电弧是一种气体放电现象，如图 7.4 所示。当电源两端分别与被焊零件和焊枪相连时，在电场的作用下，电弧阴极产生电子发射，阳极吸收电子，电弧区的中性气体粒子在接受外界能量后电离成正离子和电子，正负带电粒子相向运动，形成两电极之间的气体空间导电过程，借助电弧将电能转换成热能、机械能和光能。

焊接电弧具有以下特点：

（1）温度高，电弧弧柱温度范围为 5000 ~ 30 000K。

（2）电弧电压低，范围为 10 ~ 80V。

（3）电弧电流大，范围为 10 ~ 1000A。

（4）弧光强度高。

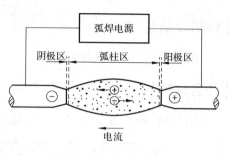

图 7.4　焊接电弧示意图

2. 电源极性

当采用直流电流焊接时，弧焊电源正负输出端与零件和焊枪的连接方式称为极性。当零件接电源输出正极，焊枪接电源输出负极时，称直流正接或正极性；反之，零件、焊枪分别与电源负、正输出端相连时，则为直流反接或反极性。交流焊接无电源极性问题，如图 7.5 所示。

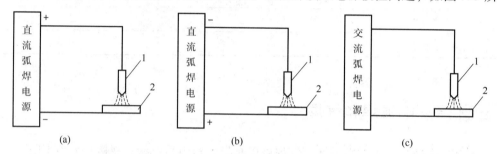

图 7.5　焊接电源极性示意图
（a）直流反接；（b）直流正接；（c）交流
1—焊枪；2—零件

3. 焊条电弧焊

焊条电弧焊是用手工操纵焊条进行焊接的一种焊接方法，俗称手弧焊，应用非常普遍。焊条电弧焊的原理如图 7.6 所示，焊接电源两输出端通过电缆、焊钳和地线夹头分别与焊条和被焊零件相连。焊接过程中，产生在焊条和零件之间的电弧将焊条和零件局部熔化，受电弧力作用，焊条端部熔化后的熔滴过渡到母材，和熔化的母材熔合一起形成熔池，随着焊工操纵电弧向前移动，熔池金属液逐渐冷却结晶，形成焊缝。

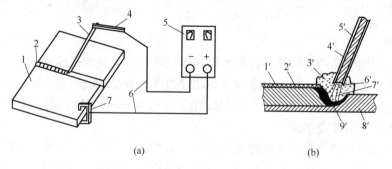

图 7.6　焊条电弧焊的原理
（a）焊接连线；（b）焊接过程
1—零件；1′—熔渣；2、2′—焊缝；3—焊条；3′—保护气体；4—焊钳；4′—药皮源；5—焊接电源；5′—焊芯；
6—电缆；6′—熔滴；7—地线夹头；7′—电弧；8′—母材；9′—熔池

焊条电弧焊使用设备简单，适应性强，可用于焊接板厚为 1.5mm 以上的各种焊接结构件，并能灵活应用在空间位置不规则焊缝的焊接，适用于碳钢、低合金钢、不锈钢、铜及铜合金等金属材料的焊接。由于手工操作，焊条电弧焊也存在缺点，如生产率低，产品质量一定程度上取决于焊工操作技术，焊工劳动强度大等，现在多用于焊接单件小批量产品和难以实现自动化加工的焊缝。

4. 焊条

焊条电弧焊所用的焊接材料是焊条，焊条主要由焊芯和药皮两部分组成，如图 7.7 所示。

焊芯一般是一个具有一定长度及直径的金属丝。焊接时，焊芯有两个功能：一是传导焊接电流，产生电弧；二是焊芯本身熔化作为填充金属与熔化的母材熔合形成焊缝。我国生产的焊条，基本上以含碳、硫、磷较低的专用钢丝（如 H08A）作为焊芯制成。焊条规格用焊芯直径代表，焊条长度根据焊条种类和规格，有多种尺寸，见表 7.1。

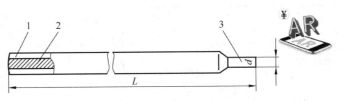

图 7.7 焊条结构

1—药皮；2—焊芯；3—焊条夹持部分

表 7.1 焊条规格

焊条直径 d/mm	焊条长度 L/mm		
2.0	250	300	
2.5	250	300	
3.2	350	400	450
4.0	350	400	450
5.0	400	450	700
5.8	400	450	700

焊条药皮又称为涂料，在焊接过程中起着极为重要的作用。首先，它可以起到积极保护作用，利用药皮熔化放出的气体和形成的熔渣，起机械隔离空气作用，防止有害气体侵入熔化金属；其次可以通过熔渣与熔化金属冶金反应，去除有害杂质，添加有益的合金元素，起到冶金处理作用，使焊缝获得合乎要求的力学性能；最后，还可以改善焊接工艺性能，使电弧稳定、飞溅小、焊缝成形好、易脱渣和熔敷效率高等。

焊条药皮的组成主要有稳弧剂、造气剂、造渣剂、脱氧剂、合金剂、粘接剂和增塑剂等。其主要成分有矿物类、铁合金、有机物和化工产品。焊条分为结构钢焊条和耐热钢焊条、不锈钢焊条和铸铁焊条等十大类。根据其药皮组成又分为酸性焊条和碱性焊条。酸性焊条电弧稳定，焊缝成形美观，焊条的工艺性能好，可用交流或直流电源施焊，但焊接接头的冲击韧度较低，可用于普通碳钢和低合金钢的焊接；碱性焊条多为低氢型焊条，所得焊缝冲击韧度高，力学性能好，但电弧稳定性比酸性焊条差，要采用直流电源施焊，反极性接法，多用于重要的结构钢、合金钢的焊接。

5. 焊接设备

焊接设备包括熔焊、压焊和钎焊所使用的焊机和专用设备，这里主要介绍电弧焊用设备，即电弧焊机。

电弧焊机按焊接方法可分为焊条电弧焊机、埋弧焊机、二氧化碳气体保护焊机、钨极氩弧焊机、熔化极氩弧焊机和等离子弧焊机；按焊接自动化程度可分为焊条电弧焊机、半自动电弧焊机和自动电弧焊机。我国电焊机型号由 7 个字位编制而成，其中不用字位省略，表7.2 所示为电弧焊机型号示例。

表 7.2　电弧焊机型号示例

电焊机型号	第一字位及大类名称	第二字位及大类名称	第三字位及大类名称	第四字位及大类名称	第五字位及大类名称	电焊机类型
BX1-300	B，交流弧焊电源	X，下降特性	省略	1，动铁心式	300，额定电流，单位 A	焊条电弧焊用弧焊变压器
ZX5-400	Z，整流弧焊电源	X，下降特性	省略	5，晶闸管式	400，额定电流，单位 A	焊条电弧焊用弧焊整流器
ZX7-315	Z，整流弧焊电源	X，下降特性	省略	7，逆变式	315，额定电流，单位 A	焊条电弧焊用弧焊整流器
NBC-300	N，熔化极气体保护焊机	B，半自动焊	C，二氧化碳保护焊	省略	300，额定电流，单位 A	半自动二氧化碳气体保护焊机
MZ-1000	M，埋弧焊机	Z，自动焊	省略，焊车式	省略，变速送丝	1000，额定电流，单位 A	自动交流埋弧焊机

6. 气焊

气焊是利用气体火焰加热并熔化母体材料和焊丝的焊接方法。与电弧焊相比，其优点如下：

（1）气焊不需要电源，设备简单。

（2）气体火焰温度比较低，熔池容易控制，易实现单面焊双面成形，并可以焊接很薄的零件。

（3）在焊接铸铁、铝及铝合金、铜及铜合金时焊缝质量好。

气焊也存在热量分散，接头变形大，不易自动化，生产率低，焊缝组织粗大，性能较差等缺陷。气焊常用于薄板的低碳钢、低合金钢和不锈钢的对接、端接，在熔点较低的铜、铝及其合金的焊接中仍有应用，焊接需要预热和缓冷的工具钢、铸铁也比较适合。气焊主要采用氧乙炔火焰，在两者的混合比不同时，可得到以下三种不同性质的火焰，如图 7.8 所示。

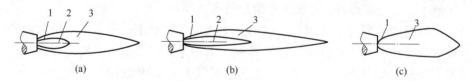

(a)　　　　　　　　(b)　　　　　　　　(c)

图 7.8　氧乙炔火焰形态
1—焰芯；2—内焰；3—外焰

1）如图 7.8a 所示，当氧气与乙炔的混合比为 1～1.2 时，燃烧充分，燃烧过后无剩余氧或乙炔，热量集中，温度可达 3050～3150℃。它由焰芯、内焰和外焰三部分组成，焰芯是呈亮白色的圆锥体，温度较低；内焰呈暗紫色，温度最高，适用于焊接；外焰颜色从淡紫色逐渐向橙黄色变化，温度下降，热量分散。中性焰应用最广，低碳钢、中碳钢、铸铁、低合金钢、不锈钢、紫铜、锡青铜、铝及铝合金和镁合金等气焊都使用中性焰。

2）如图7.8b所示，当氧气与乙炔的混合比小于1时，部分乙炔未曾燃烧，焰芯较长，呈蓝白色，温度最高达2700~3000℃。由于过剩的乙炔分解的碳粒和氢气的原因，有还原性，焊缝含氢增加，焊低碳钢时有渗碳现象，适用于气焊高碳钢、铸铁、高速钢、硬质合金和铝青铜等。

3）如图7.8c所示，当氧气与乙炔的混合比大于1.2时，燃烧过后的气体仍有过剩的氧气，焰芯短而尖，内焰区氧化反应剧烈，火焰挺直发出"嘶嘶"声，温度可达3100~3300℃。由于火焰具有氧化性，焊接碳钢易产生气体，并出现熔池沸腾现象，很少用于焊接，轻微氧化的氧化焰适用于气焊黄铜和锰黄铜和镀锌铁皮等。

【任务实施】

1. 焊条电弧焊训练

（1）引弧

焊接电弧的建立称为引弧，焊条电弧焊有两种引弧方式：划擦法和直击法。划擦法的操作是，在焊机电源开启后，将焊条末端对准焊缝，并保持两者的距离在15mm以内，依靠手腕的转动，使焊条在零件表面轻划一下，并立即提起2~4mm，电弧引燃，然后开始正常焊接。直击法是在焊机开启后，先将焊条末端对准焊缝，然后稍点一下手腕，使焊条轻轻撞击零件，随即提起2~4mm，就能使电弧引燃，开始焊接。

（2）运条

焊条电弧焊是依靠人手工操作焊条运动实现焊接的，此种操作也称为运条。运条包括控制焊条角度、焊条送进、焊条摆动和焊条前移，如图7.9所示。

运条技术的具体运用根据零件材质、接头形式、焊接位置和焊件厚度等因素决定的。常见的焊条电弧焊运条方法如图7.10所示，直线形运条方法适用于板厚为3~5mm的不开坡口对接平焊；锯齿形运条法多用于厚板的焊接；月牙形运条法对熔池加热时间长，容易使熔池中的气体和熔渣浮出，有利于得到高质量焊缝；正三角形运条法适合于不开坡口的对接接头和T字接头的立焊；正圆圈形运条法适合于焊接较厚零件的平焊缝。

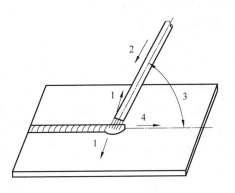

图7.9 焊条运动和角度控制
1—横向摆动；2—送进；3—焊条与
零件夹角为70°~80°；4—焊条前移

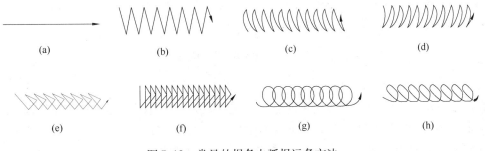

(a)	(b)	(c)	(d)

(e)	(f)	(g)	(h)

图7.10 常见的焊条电弧焊运条方法

（3）焊缝的起头、接头和收尾

焊缝的起头是指焊缝起焊时的操作，由于此时零件温度低、电弧稳定性差，焊缝容易出现气孔、未焊透等缺陷，为避免此现象，应该在引弧后将电弧稍微拉长，对零件起焊部位进行适当预热，并且多次往复运条，达到所需要的熔深和熔宽后再调到正常的弧长进行焊接。在完成一条长焊缝焊接时，往往要消耗多根焊条，这里就有前后焊条更换时焊缝接头的问题。为不影响焊缝成形，保证接头处焊接质量，更换焊条的动作越快越好，并在接头弧坑前约 15mm 处起弧，然后移到原来弧坑位置进行焊接。

焊缝的收尾是指焊缝结束时的操作。焊条电弧焊一般熄弧时都会留下弧坑，过深的弧坑会导致焊缝收尾处缩孔，产生弧坑应力裂纹。当焊缝的收尾操作时，应保持正常的熔池温度，做无直线运动的横摆点焊动作，逐渐填满熔池后再将电弧拉向一侧熄灭。此外还有三种焊缝收尾的操作方法，即划圈收尾法、反复断弧收尾法和回焊收尾法，也在实践中常用。

（4）焊条电弧焊工艺

选择合适的焊接工艺参数是获得优良焊缝的前提，并直接影响劳动生产率。焊条电弧焊的工艺是根据焊接接头形式、零件材料、板材厚度和焊缝焊接位置等具体情况制订，包括焊条牌号、焊条直径、电源种类和极性、焊接电流、焊接电压、焊接速度、焊接坡口形式和焊接层数等内容。

焊条型号应主要根据零件材质选择，并参考焊接位置情况决定。电源种类和极性又由焊条牌号而定。焊接电压决定于电弧长度，它与焊接速度对焊缝成形有重要的影响，一般由焊工根据具体情况灵活掌握。

1）焊接位置

在实际生产中，由于焊接结构和零件移动的限制，焊缝在空间的位置除平焊外，还有立焊、横焊和仰焊，如图 7.11 所示。平焊操作方便，焊缝成形条件好，容易获得优质焊缝并具有高的生产率，是最合适的位置，其他三种又称为空间位置焊，焊工操作较平焊困难，受熔池液态金属重力的影响，需要对焊接规范控制并采取一定的操作方法才能保证焊缝成形，其中焊接条件仰焊位置最差，立焊、横焊次之。

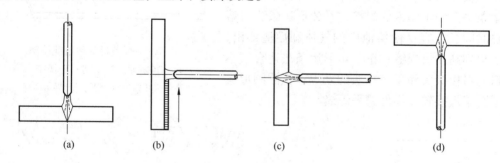

图 7.11　焊缝的空间位置

2）焊接接头形式和焊接坡口形式

焊接接头是指用焊接的方法连接的接头，它由焊缝、熔合区、热影响区及其邻近的母材组成。根据接头的构造形式不同，可分为对接接头、T 形接头、搭接接头、角接接头和卷边接头五种类型。前四类如图 7.12 所示，卷边接头用于薄板焊接。

熔焊接头焊前加工坡口，其目的在于使焊接容易进行，电弧能沿板厚熔敷一定的深度，保证接头根部焊透，并获得良好的焊缝成形。焊接坡口形式有 I 形坡口、V 形坡口、U 形坡口、双 V 形坡口和 J 形坡口等多种。常见焊条电弧焊接头的坡口形状和尺寸如图 7.12 所示。对焊件厚度小于 6mm 的焊缝，可以不开坡口或开 I 形坡口；中厚度和大厚度板对接焊，为保证熔透，必须开坡口。V 形坡口便于加工，但零件焊后易发生变形；X 形坡口可以避免 V 形坡口的一些缺点，同时可减少填充材料；U 形及双 U 形坡口，其焊缝填充金属量更小，焊后变形也小，但坡口加工困难，一般用于重要焊接结构。

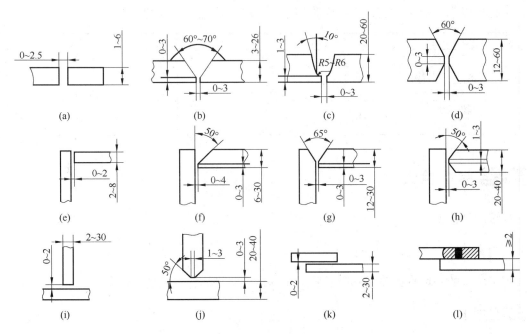

图 7.12　焊条电弧焊接头形式和坡口形式

3）焊条直径、焊接电流

一般焊件的厚度越大，选用的焊条直径 d 应越大，同时可选择较大的焊接电流，以提高工作效率。当板厚在 3mm 以下时，焊条 d 取值小于或等于板厚；当板厚在 4～8mm 时，d 取 3.2～4mm；当板厚在 8～12mm 时，d 取 4～5mm。此外，在中厚板零件的焊接过程中，焊缝往往采用多层焊或多层多道焊完成。当低碳钢平焊时，焊条直径 d 和焊接电流 I 的对应关系有经验公式作为参考，即

$$I = kd$$

式中　k——经验系数，取值范围在 30～50。

当然，焊接电流值的选择还应综合考虑各种具体因素。空间位置焊，为保证焊缝成形，应选择较细直径的焊条，焊接电流比平焊位置小。在使用碱性焊条时，为减少焊接飞溅，可适当减小焊接电流值。

2. 实习产品焊接

按图 7.9 所示完成板料拼接。

3. 车刀焊接

1）在老师的指导下，完成气焊操作，注意操作过程，工件预热温度，清洁剂什么时候用等。

2）基本操作熟练后，完成车刀焊接。

【归纳总结】

掌握常用的焊接方法，了解焊接工艺，掌握焊接基本技能。

【任务评价】

本任务以掌握焊接方法为主。检验学生正确操作焊条电弧焊和气焊。

项　　目	得　　分	备　　注
实习纪律		30 分
焊条电弧焊操作		20 分
电弧焊质量		20 分
气焊及质量		20 分
安全操作		10 分

任务 3：焊接检验

焊接产品检验。

【任务引入】

焊接质量的好坏直接关系到产品质量，焊接检验是非常重要的。

【任务分析】

本任务是了解常见的焊接缺陷，了解焊接质量检查的基本知识。

【相关知识】

迅速发展的现代焊接技术，已能在很大程度上保证其产品的质量，但由于焊接接头为一性能不均匀体，应力分布又复杂，制造过程中也做不到绝对的不产生焊接缺陷，更不能排除产品在役运行中出现新缺陷。因而为获得可靠的焊接结构（件）还必须走第二条途径，即采用和发展合理而先进的焊接检验技术。

常见焊接缺陷

1. 焊接变形

工件焊后一般都会产生变形，如果变形量超过允许值，就会影响使用。焊接变形的几个例子如图7.13 所示。产生的主要原因是焊件不均匀地局部加热和冷却。因为焊接时，焊件仅在局部区域被加热到高温，离焊缝越近，温度越高，膨胀也越大。但

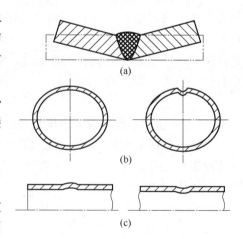

图 7.13　焊接变形示意图
（a）V 形坡口；（b）筒体纵焊缝；
（c）筒体环焊缝

是，加热区域的金属因受到周围温度较低的金属阻止，却不能自由膨胀；而冷却时又由于周围金属的牵制不能自由地收缩。结果这部分加热的金属存在拉应力，而其他部分的金属存在与之平衡的压应力。当这些应力超过金属的屈服极限时，将产生焊接变形；当超过金属的强度极限时，则会出现裂缝。

2. 焊缝的外部缺陷

（1）焊缝增强过高，如图 7.14 所示，当焊接坡口的角度开得太小或焊接电流过小时，均会出现这种现象。焊件焊缝的危险平面已从 *M-M* 平面过渡到熔合区的 *N-N* 平面，由于应力集中易发生破坏，因此，为提高压力容器的疲劳寿命，要求将焊缝的增强高铲平。

（2）焊缝过凹如图 7.15 所示，因焊缝工作截面的减小而使接头处的强度降低。

（3）焊缝咬边。在工件上沿焊缝边缘所形成的凹陷叫作咬边，如图 7.16 所示。它不仅减少了接头工作截面，而且在咬边处造成严重的应力集中。

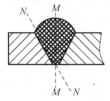　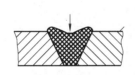　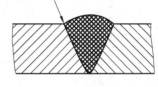

图 7.14　焊缝增强过高　　　　图 7.15　焊缝过凹　　　　图 7.16　焊缝的咬边

（4）焊瘤。熔化金属流到熔池边缘未熔化的工件上，堆积形成焊瘤，它与工件没有熔合，如图 7.17 所示。焊瘤对静载强度无影响，但会引起应力集中，使动载强度降低。

（5）烧穿如图 7.18 所示。烧穿是指部分熔化金属从焊缝反面漏出，甚至烧穿成洞，它使接头强度下降。

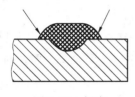　　　　　　　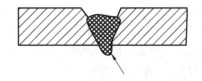

图 7.17　焊瘤　　　　　　　　　图 7.18　烧穿

以上五种缺陷存在于焊缝的外表，肉眼就能发现，并可及时补焊。如果操作熟练，一般是可以避免的。

3. 焊缝的内部缺陷

（1）未焊透。未焊透是指工件与焊缝金属或焊缝层间局部未熔合的一种缺陷。未焊透减弱了焊缝工作截面，造成严重的应力集中，大大降低接头强度，它往往成为焊缝开裂的根源。

（2）夹渣。焊缝中夹有非金属熔渣，即称夹渣。夹渣减少了焊缝工作截面，造成应力集中，会降低焊缝强度和冲击韧性。

（3）气孔。当焊缝金属在高温时，吸收了过多的气体（如 H_2）或由于熔池内部冶金反应产生的气体（如 CO），在熔池冷却凝固时来不及排出，而在焊缝内部或表面形成孔穴，即为气孔。气孔的存在减少了焊缝有效工作截面，降低接头的机械强度。若有穿透性或连续性气孔存在，会严重影响焊件的密封性。

（4）裂纹。焊接过程中或焊接以后，在焊接接头区域内所出现的金属局部破裂叫作裂纹。裂纹可能产生在焊缝上，也可能产生在焊缝两侧的热影响区。有时产生在金属表面，有时产生在金属内部。通常按照裂纹产生的机理不同，可分为热裂纹和冷裂纹两类。

1）热裂纹。热裂纹是在焊缝金属中由液态到固态的结晶过程中产生的，大多产生在焊缝金属中。其产生的原因主要是焊缝中存在低熔点物质（如 FeS，熔点 1193℃），它削弱了晶粒间的联系，当受到较大的焊接应力作用时，就容易在晶粒之间引起破裂。焊件及焊条内含 S、Cu 等杂质多时，就容易产生热裂纹。热裂纹有沿晶界分布的特征。当裂纹贯穿表面与外界相通时，则具有明显的氢化倾向。

2）冷裂纹。冷裂纹是在焊后冷却过程中产生的，大多产生在基体金属或基体金属与焊缝交界的熔合线上。其产生的主要原因是由于热影响区或焊缝内形成了淬火组织，在高应力作用下，引起晶粒内部的破裂，焊接含碳量较高或合金元素较多的易淬火钢材时，最易产生冷裂纹。焊缝中熔入过多的氢，也会引起冷裂纹。

裂纹是最危险的一种缺陷，它除了减少承载截面之外，还会产生严重的应力集中，在使用中裂纹会逐渐扩大，最后可能导致构件的破坏。所以焊接结构中不允许存在这种缺陷，一经发现需铲去重焊。

【任务实施】

对焊接接头进行必要的检验是保证焊接质量的重要措施。因此，工件焊完后应根据产品技术要求对焊缝进行相应的检验，凡不符合技术要求所允许的缺陷，需及时进行返修。焊接质量的检验包括外观检查、无损探伤和力学性能试验三个方面。这三者是互相补充的，以无损探伤为主。

1. 外观检查

外观检查一般以肉眼观察为主，有时用 5～20 倍的放大镜进行观察。通过外观检查，可发现焊缝表面缺陷，如咬边、焊瘤、表面裂纹、气孔、夹渣及焊穿等。焊缝的外形尺寸还可采用焊口检测器或样板进行测量。

2. 无损探伤

无损探伤是隐藏在焊缝内部的夹渣、气孔和裂纹等缺陷的检验。目前使用最普遍的是 X 射线检验，还有超声波探伤和磁力探伤。X 射线检验是利用 X 射线对焊缝照相，根据底片影像来判断内部有无缺陷、缺陷多少和类型。再根据产品技术要求评定焊缝是否合格。超声波探伤的基本原理如图 7.19 所示。

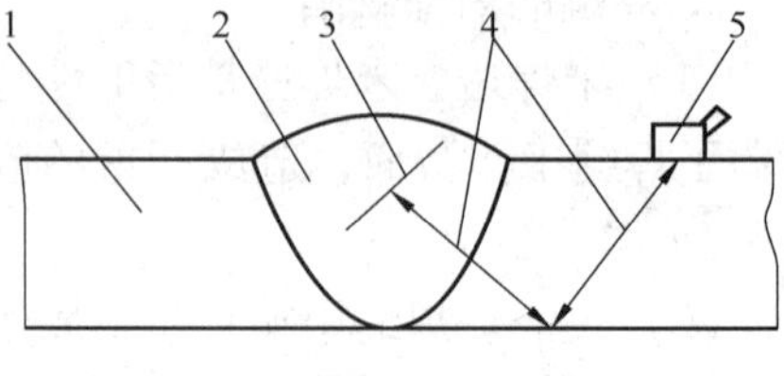

超声波束由探头发出，传到金属中，当超声波束传到金属与空气界面时，它就折射而通过焊缝。如果焊缝中有缺陷，超声波束就反射到探头而被接受，这时荧光屏上就出现了反射波。根据这些反射波与正常波比较、鉴别，就可以确定缺陷的大小及位置。超声波探伤比 X 光照相简便得多，因而得到广泛应用。但超声波探伤往往只能凭操作经验做出判断，而且不

图 7.19 超声波探伤的基本原理
1—工件；2—焊缝；3—缺陷；
4—超声波束；5—探头

能留下检验根据,对于离焊缝表面不深的内部缺陷和表面极微小的裂纹,还可采用磁力探伤。

3. 水压试验和气压试验

对于要求密封性的受压容器,需进行水压试验和(或)气压试验,以检查焊缝的密封性和承压能力。其方法是向容器内注入 1.25~1.5 倍工作压力的清水或等于工作压力的气体(多数用空气),停留一定的时间,然后观察容器内的压力下降情况,并在外部观察有无渗漏现象,根据这些可评定焊缝是否合格。

4. 焊接试板的力学性能试验

无损探伤可以发现焊缝内在的缺陷,但不能说明焊缝热影响区金属的力学性能如何,因此有时对焊接接头要做拉力、冲击和弯曲等试验,这些试验由试验板完成。所用试验板最好与圆筒纵缝一起焊成,以保证施工条件一致。然后将试板进行力学性能试验。实际生产中,一般只对新钢种的焊接接头进行这方面的试验。

焊接训练的检验根据条件不同可用上述四种方法之一。

【归纳总结】

掌握常用焊件质量的检测方法。

【任务评价】

本任务以了解焊接质量检测为主。

项　目	得　分	备　注
实习纪律		30 分
焊接质量检测方法		20 分
外观检测		20 分
力学性能检测		20 分
安全操作		10 分

复习思考题

1. 焊条电弧焊设备有哪几种?其焊接电流是如何调节的?
2. 焊条电弧焊焊条牌号、规格及焊接电流大小选择的依据是什么?
3. 焊接时熔池为什么要进行保护?
4. 气焊与电弧焊相比,有哪些特点?操作时应注意些什么?
5. 如何控制焊接生产质量?

项目8 锻工实训

【教学目标】

◎知识目标

通过本项目的训练，使学生了解锻造工作在机械制造中的作用。了解锻工应完成的工作内容，了解锻造设备的工作原理和正确使用方法，了解锻工工作的安全操作。

◎技能目标

通过本项目的训练，使学生能掌握自由锻的基本方法，掌握锻造设备的正确使用方法，独立完成四方体的锻造。

◎情感与态度目标

培养学生的表达、沟通能力和团队协作精神，培养学生的安全生产意识、效率意识及环保意识，培养学生的创新能力、自我发展能力，培养学生爱岗敬业的工作作风。

【项目分析】

根据项目目标，用一个任务完成，具体如下：

任务：正方体自由锻。

【项目实施】

任务： 正方体自由锻

选择一块直径在 $\phi 30 \sim 50mm$、长度在 $30 \sim 50mm$ 左右的圆棒料，锻造成正方体。

【任务引入】

锻造是机械加工中生产零件毛坯的一种方法。熟悉锻造的基本知识，对机械产品的制造是重要的。

【任务分析】

本课题的任务是熟悉锻造的基本知识，了解锻造毛坯的特点，了解锻造的基本操作。

【相关知识】

1. 概述

锻压是对锻造和冲压的总称，是指对坯料施加外力，使其产生塑性变形，获得所需形状、尺寸和性能锻件的加工方法。

2. 锻造的特点及应用

锻造是把金属坯料加热后，在加压设备及模具的作用下，使其产生局部或全部的塑性变形，以获得一定形状、尺寸和性能锻件的加工方法。锻造分为自由锻和模锻两种方式，如图8.1所示。

适于锻造的金属材料必须具有良好的塑性，以利于锻造时产生永久变形而不会破裂。钢、铜、铝及其合金是常用的锻造材料，但钢的可锻性会随着碳含量和含金量的增加而降低。铸铁的塑性很差，在外力作用下极易破裂，因此不能进行锻造。锻造材料通常采用圆

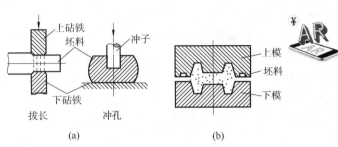

图 8.1 锻造

(a) 自由锻；(b) 模锻

钢、方钢等型材，拔长冲孔（图8.1a）只有大型锻件才直接使用钢锭进行锻造。当上模坯料下模锻造时，由于高温和压力的作用，在改变坯料形状和尺寸的同时，也使其内部的金属组织状况得到改善：晶粒细化，组织均匀致密，杂质被分散，特别是粗大的碳化物被击碎后，沿变形方向分布形成纤维组织，提高了金属的强度和韧性。所以一些需要承受重载和冲击的零件，如机床主轴、起重机吊钩、发动机的曲轴和连杆、齿轮等多采用锻件毛坯。

3. 加热

除少数塑性好的金属可在常温下锻造外，大多数金属需要通过加热提高其塑性，降低变形抗力，以用较小的锻造力获得所需的变形且工件不破裂。

（1）加热温度

一般来说，加热温度越高，金属的强度和硬度越低，塑性越好。但是，温度不能太高，否则会产生加热缺陷，甚至使锻件报废。

锻造时，金属材料允许加热到的最高温度称为始锻温度。在锻造过程中，材料的温度会逐渐下降，当降低到一定程度后，不但变形困难，而且容易开裂，这时必须停止锻造，重新对材料进行加热。金属材料停止锻造的温度称为终锻温度。从始锻温度到终锻温度的温度区间称为锻造温度范围。

常用金属材料的锻造温度范围可查相关手册。

金属材料的加热温度可以用仪器测量。在生产中，对非合金钢或不重要的工件，操作人员用观察金属火色的办法来判断金属的温度。

（2）加热设备

金属的加热设备是加热炉。根据加热能源的不同，加热炉分为燃料炉和电炉两类，电炉又分为电阻炉和感应炉。

电阻加热炉利用电流通过电阻丝产生的电阻热间接对金属加热。它结构简单，操作方便，控温方便、准确，主要用于非铁金属、耐热合金和高热合金钢的加热。

感应加热是利用交流电流通过感应线圈而产生的交变磁场，使置于线圈中的材料内部产生涡流而加热。虽然其投资大，但加热速度快，质量好，控温方便、准确，用于大批量生产。

（3）加热缺陷

金属在加热过程中可能产生的缺陷有：氧化、脱碳、过热、过烧和裂纹等。

1）氧化。氧化是指在高温下，材料表面金属与炉气中氧化性气体发生化学反应而生成氧化皮，造成金属烧损甚至影响表面质量的现象。

2）脱碳。脱碳是指在高温下，金属长时间与炉气中氧化性气体接触发生化学反应，造成表层碳元素烧损引起碳含量降低的现象。发生脱碳后，金属表层的硬度和强度会降低。

3）过热。过热是指金属加热温度过高或在高温下停留时间过长，其内部组织迅速长大变粗的现象。过热的金属力学性能变差，在锻造时容易产生裂纹。

4）过烧。过烧是指金属加温度过高接近熔化时，其内部晶粒间结合力失去，锻造时破裂的现象。产生过烧无法挽救，材料只能报废。

5）裂纹。裂纹是指导热性差的材料由于加热过快，内外温差较大由内应力产生的裂纹。

为防止材料加热时上述缺陷的出现，应正确制订材料的加热温度范围，并严格遵守加热规范。

4. 自由锻

自由锻是只用简单的通用工具，或在自由锻设备的上、下砧铁之间，直接对坯料多次施加外力，使其逐步产生塑性变形获得铸件的方法。自由锻分为手工自由锻和机器自由锻。

（1）自由锻的设备和工具

1）自由锻设备。常用的自由锻设备有空气锤和水压机等，前者是利用锤头落下的冲击力使金属产生塑性变形，后者是利用静压力使金属产生塑性变形。

①空气锤。空气锤的结构及工作原理如图8.2所示。电动机通过减速机构及曲柄、连杆机构带动压缩缸内的活塞做上、下往复运动，产生压缩空气。当压缩活塞向下运动时，压缩空气经下旋阀进入工作活塞的下部，将锤头提起；当压缩活塞向上运动时，压缩空气经上旋阀进入工作活塞的上部，使锤头向下运动，借助其冲击力实现对坯料的打击。打击力的大小可通过改变脚踏杆转角大小进行调节。

通过脚踏杆和手柄可以实现上悬、下压、连续打击、单次打击及空转等各种动作。上悬是使锤头保持在上悬位置，这时可进行放置锻件、检查锻件尺寸和清除氧化皮等操作。下压是锤头向下压紧锻件，此时可进行弯曲和扭转等操作。连续打击是压缩缸和工件缸不与大气相通，压缩空气推动锤头上、下往复运动，对锻件进行连续锻打。单次打击是将脚踏杆踩下后立即抬起，或将手柄由上悬位置推到连续打击位置，再迅速退回到上悬位置，使锤头打击后迅速回到上悬位置，形成单次打击。空转是压缩缸和工件缸与大气相通，锤头靠自重落在砧铁上，此时电动机及减速机构空转，空气锤不工作。

空气锤的规格以落下部分的质量来表示，产生的打击力是落下部分质量的1000倍左右。生产中根据锻件的质量和尺寸选用空气锤。

②水压机。水压机是现代锻造生产的常用设备，用来生产大中型锻件。

水压机的工作原理是高压水进入工作缸推动工作活塞，使活动横梁带动上砧铁沿立柱下压，对坯料施加压力。回程时，高压水进入回程缸，通过回程柱塞和拉杆使活动横梁上升，让上砧铁离开坯料。活动横梁的上、下运动完成锻压和回程的一个循环。

水压机以静压力较长时间作用于坯料上，有利于将坯料整个截面锻透，锻造效果好，操作时振动小，劳动条件好，锻造能力不受锻压行程的限制。

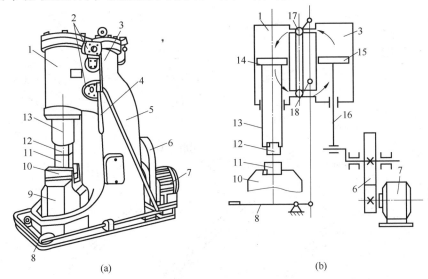

图 8.2　空气锤的结构及工作原理

（a）外形图；（b）工作原理图

1—工作缸；2—旋阀；3—压缩缸；4—手柄；5—锤身；6—减速机构；7—电动机；8—脚踏杆；

9—砧座；10—砧垫；11—下砧铁；12—上砧铁；13—锤杆；14—工作活塞；15—压缩活塞；

16—连杆；17—上旋阀；18—下旋阀

水压机的规格以上砧铁的最大工作总压力来表示。

2）自由锻工具。自由锻的工具包括支承工具、打击工具、成形工具、测量工具及辅助工具等。

①支承工具。支承工具是指砧铁，它由铸钢或铸铁制成，有多种形式，常用的砧铁如图8.3 所示。

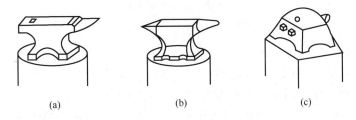

图 8.3　常用的砧铁

（a）羊角砧；（b）双角砧；（c）球面砧

②打击工具。打击工具是指各种锤子，常用的锤子如图 8.4 所示。

③成形工具。成形工具包括冲子、摔子及垫模等，常见的成形工具如图 8.5 所示。

④测量工具。测量工具是指用于测量的直尺及卡钳、样板等。

⑤辅助工具。辅助工具包括夹钳和压肩

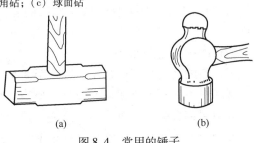

图 8.4　常用的锤子

（a）大锤；（b）小锤

切割工具等，分别如图8.6、图8.7所示。

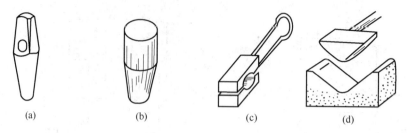

图 8.5　常见的成形工具

（a）带柄冲子；（b）单面冲孔扩孔冲子；（c）摔子；（d）弯曲垫模

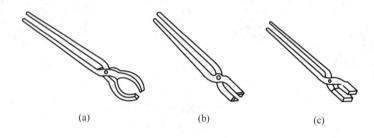

图 8.6　夹钳

（a）圆钳；（b）方口虎钳；（c）平口虎钳

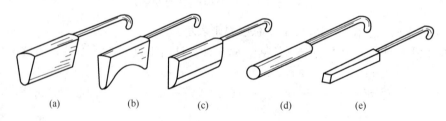

图 8.7　压肩切割工具

（a）、（b）三角刀；（c）剁刀；（d）圆扣棍；（e）方扣棍

（2）自由锻的基本工序

自由锻的基本工序有镦粗、拔长、冲孔、弯曲、扭转和切割等。

1）镦粗。镦粗是使坯料横截面积增大、高度减小的锻造工序。

镦粗有完全镦粗、端部镦粗和中间镦粗三种形式。完全镦粗是把坯料直立在砧铁上，使其全长产生变形。端部镦粗是让金属的变形量集中在端部，通常在漏盘或胎模内进行，不宜对坯料全长加热。中间镦粗是让金属的变形量集中在中部，用于锻造两头小、中间大的锻件。

镦粗的操作要点如下：

①坯料的高度与直径之比一般小于2.5，最好不超过3，否则会镦弯。

②坯料表面不得有凹陷、裂纹等缺陷，否则镦粗时这些缺陷会进一步扩大。

③镦粗部分必须加热均匀、热透，否则会变形不均匀，产生畸形。

④坯料的端面必须平整且垂直于轴线，在砧铁上应放平。

⑤锻打力应大而正，否则工件会呈细腰形。

2）拔长。拔长是使坯料横截面积减小、长度增大的锻造工序。

拔长时，坯料应放平并不断翻转，如图8.8所示。大型坯料是先锻平一面后再翻转90°后锻打另一面，反复拔长，如图8.8a所示。小型坯料采用来回翻转的方法锻打拔长，如图8.8b所示。塑性较差的材料如高合金钢、合金工具钢等坯料，一般采用沿螺旋方向翻转90°的方法锻打拔长，如图8.8c所示。

当圆截面坯料拔长时，先将其锻成方形截面，当拔长至边长等于要求的圆径时，再将其锻打成八方，然后用摔子摔成圆形。

芯轴拔长前，先将芯轴插入坯料的孔内，再将其锻成六角形。当拔长至所需尺寸后，倒角、滚圆，退出芯轴，然后将其直立在平面砧上，击直校正后再将芯轴插入锻件孔内。

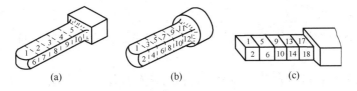

(a)　　　　　　(b)　　　　　　(c)

图8.8　拔长翻转方法

拔长的操作要点如下：

①当锻造台阶或凹槽时，先用压棍压痕或用三角刀、压肩深度为台阶或凹槽深度的1/2～1/3。

②坯料每次的送进量应为砧铁宽度的0.3～0.8倍。向宽的方向伸展，降低拔长的效率。压肩摔子压肩，然后局部拔长。送进量过大坯料不易变形，且金属机械性能不能提高。

③每次锻打的压下量应小于或等于送进量，以避免产生夹层。

④如端部拔长部分较短，可先将此端镦成球面或倒棱后再压肩、拔长。

⑤当芯轴拔长时，应根据孔壁的厚薄情况选取合适的砧铁。要适当重打、快打，以免芯轴与坯料咬死。翻转要均匀，不能锻打温度过低的坯料，以免壁厚不均匀和孔壁产生裂纹。

⑥拔长后应进行修整。当手工锻时，平面修整用平锤，圆柱面修整用摔锤。当机器锻时，方形或矩形锻件沿砧铁的长度方向送进，圆形锻件用摔子修整。

3）冲孔。冲孔是用冲子在坯料上冲出通孔或不通孔的锻造工序，它有实心冲头双面冲孔、实心冲头单面冲孔和空心冲头冲孔三种方法。

①实心冲头双面冲孔。实心冲头双面冲孔如图8.9所示。首先放正冲子试冲，查看冲孔位置是否准确，如无偏差，再冲浅坑撒煤粉以便孔冲深后冲子的拔出；放上冲子继续冲击至坯料深度的2/3后，拔出冲子；翻转坯料180°，从反面对准孔的中心继续冲击，直至坯料冲穿。

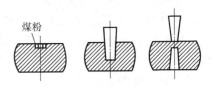

图8.9　实心冲头双面冲孔

②实心冲头单面冲孔。实心冲头单面冲孔如图8.10所示。首先将坯料在漏盘上放正，使待冲孔对准盘孔，然后把两端平整的实心冲子大端朝下，对准孔的中心连续冲击，直至坯料冲穿。

③空心冲头冲孔。它一般用于对钢锭锻件冲制孔径大于400mm的孔。

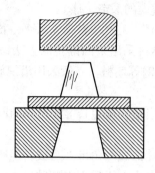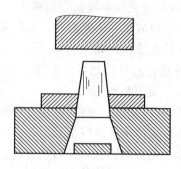

图 8.10　实心冲头单面冲孔

冲孔的操作要点如下：

a. 坯料应加热至锻造允许的最高温度且均匀热透，冲孔前必须先将坯料镦平，保持端面的平整。

b. 冲孔方法的选择应符合坯料高度、直径与冲孔孔径的关系要求。

c. 冲孔时，必须找准中心后再将冲子击入冲料。

d. 对钢锭冲孔时，冒口端应放下面，以便冒口端质量不好的部分能随芯料冲掉。

e. 在冲孔过程中，冲子应经常浸水冷却，以免退火变形。

4）弯曲。弯曲是用一定方法将坯料弯曲成需要的角度或弧度的锻造工序。

弯曲的方法很多，手工操作时一般在砧铁的边缘或砧角上，用锤子打弯，用叉架弯曲；机器锻弯曲时可将坯料紧压在上、下砧铁之间，用垫模弯曲。

弯曲时，只加热坯料上需要弯曲的部分，若加热的部分过长，可先将不用弯曲的部分蘸水冷却，然后再进行弯曲操作。

5）扭转。扭转是使坯料的一部分相对另一部分绕轴线旋转一定角度的锻造工序。

根据工件的大小，可通过大锤打击进行，或压住坯料的一头，另一头用夹叉夹住，旋转夹叉进行扭转。

扭转的操作要点如下：

①受扭部分表面必须光滑，沿全长横截面应均匀。

②坯料应加热至锻造允许的最高温度，而且均匀热透。

③扭转后应缓慢冷却，或进行热处理。

6）切割。切割是将坯料切断或锻件分割的锻造工序。

切割用的刀具有剁刀、錾子和克棍等。一般是先用刀具截入坯料到一定深处，然后将坯料的截口移到砧铁边缘再截断。

切割的操作要点如下：

①打击力应适中，最后一击应在截开的同时压紧已截开的坯料。

②切割应准确，要防止端部不齐现象，以免给后续的机械加工带来困难。

③注意安全，防止刀具或坯料飞出伤人。

5. 冷却

为保证锻件各部分均匀地冷却收缩，避免产生翘曲变形、表面硬化甚至开裂等缺陷，应对锻件采取正确的方法进行冷却。常用的有空冷、坑冷和炉冷三种冷却方法。

1）空冷

空冷是把锻件散放于空气中冷却。此方法最为简便，冷却速度快，成本低，适合于低碳钢的小型锻件。散放时，地面应干燥，要注意行人与周围环境的安全。

2）坑冷是把锻件放在有干砂的坑内或堆在一起冷却。此方法的冷却速度大大低于空冷，适合于中碳钢、含碳与合金元素较多的中小型锻件。

3）炉冷

炉冷是把锻件放入加热炉内随炉缓慢冷却。此种方法冷却速度慢，通过调节炉温可控制冷却速度，适合于高碳钢锻件、高合金钢锻件或厚大锻件。

此外，为使锻件的组织进一步细化和均匀，消除残余应力，降低硬度，一般在机械加工前，需要对锻件进行退火、正火等热处理。

【任务实施】

通过实习，了解锻压加工的工艺过程、特点及应用，了解锻压加工设备的结构、工作原理和使用方法，了解坯料加热的目的、方法及常见缺陷，熟悉自由锻造的基本工序和简单自由锻的操作技能。操作前，必须穿戴好防护用品，检查所有的工具是否安全、可靠；锻造操作时，钳口形状应与坯料相符，坯料要放正、放稳，先轻打后重打，以防飞出伤人；手钳或其他工具的柄部应置于身体侧旁，手指不能放在钳柄之间，以免受伤。

按工艺规范将工件加热，保证工件热透，根据具体锻造材料，查表确定始锻温度和终锻温度。

按镦粗和拔长的工艺要点，将圆棒料逐渐锻成正方料，用卡规边测量边锻造。

根据具体材料性质，选择合适冷却规范。

【归纳总结】

通过正方体的锻造，掌握自由锻的正确方法，了解锻造设备和锻造零件的特点。

【任务评价】

项　　目	得　　分	备　　注
实习纪律		30分
锻造方法		20分
锻件质量		40分
操作安全		10分

复习思考题

1. 何谓锻造？锻造的特点和应用
2. 锻造为什么要加热？加热有哪些缺陷？
3. 自由锻常用的工具、设备有哪些？
4. 自由锻常用的工序有哪些？作用是什么？

特种加工实训

【教学目标】

◎知识目标

通过本项目的训练，使学生了解电火花加工和线切割加工的基本组成及工作原理。

◎技能目标

通过本项目的训练，使学生能掌握电火花加工和线切割加工机床的操作方法。

◎情感与态度目标

培养学生的表达、沟通能力和团队协作精神，培养学生的安全生产意识、效率意识及环保意识，培养学生的创新能力、自我发展能力，培养学生爱岗敬业的工作作风。

【项目分析】

根据项目目标，用三个任务完成，具体如下：

任务1：特种加工基本知识

$\phi 40$ 圆形工艺品纪念章注塑模的电火花成型加工，材料为45钢，要求型面光洁均匀，字迹清晰；

任务2：典型零件电火花成型加工；

任务3：典型零件电火花线切割加工。

在方形毛坯上加工如图9.1所示五角星形、心形零件。

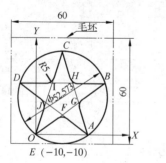
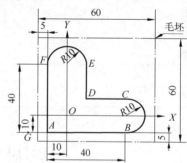

图9.1　五角星、心形零件毛坯

【项目实施】

任务1： 特种加工基本知识

【任务引入】

特种加工是现代制造技术一个新的重要分支，在高精度加工、微细加工、难加工材料加工等领域起关键作用，掌握特种加工的基本原理，能更好完成现代设备的制造工作。

【任务分析】

本课题的任务是了解特种加工的基本概念和特点，了解电火花成型加工和电火花线切割的基本原理。

【相关知识】

随着社会生产的需要和科学技术的进步，20 世纪 40 年代，前苏联科学家拉扎连柯夫妇研究开关触点遭受火花放电腐蚀损坏的现象和原因，发现电火花的瞬时高温可使局部的金属熔化、汽化而被腐蚀掉，开创和发明了电火花加工。后来，由于各种先进技术的不断应用，产生了多种有别于传统机械加工的新加工方法。这些新加工方法从广义上定义为特种加工（NTM，Non-Traditional Machining），也被称为非传统加工技术，其加工原理是将电、热、光、声、化学等能量或其组合施加到工件被加工的部位上，从而实现材料去除。

特种加工的特点及发展

与传统的机械加工相比，特种加工的不同点如下：

（1）不是主要依靠机械能，而是主要用其他能量（如电、化学、光、声、热等）去除金属材料。

（2）加工过程中工具和工件之间不存在显著的机械切削力，故加工的难易与工件硬度无关。

（3）各种加工方法可以任意复合、扬长避短，形成新的工艺方法，更突出其优越性，便于扩大应用范围。如目前的电解电火花加工（ECDM）、电解电弧加工（ECAM）就是两种特种加工复合而形成的新加工方法。

正因为特种加工工艺具有上述特点，所以就总体而言，特种加工可以加工任何硬度、强度、韧性和脆性的金属或非金属材料，且专长于加工复杂、微细表面和低刚度的零件。

目前，国际上对特种加工技术的研究主要表现在以下几个方面：

（1）微细化。目前，国际上对微细电火花加工、微细超声波加工、微细激光加工和微细电化学加工等的研究方兴未艾，特种微细加工技术有望成为三维实体微细加工的主流技术。

（2）特种加工的应用领域正在拓宽。例如，非导电材料的电火花加工电火花、激光和电子束表面改性等。

（3）广泛采用自动化技术。充分利用计算机技术对特种加工设备的控制系统、电源系统进行优化，建立综合参数自适应控制装置、数据库等，进而建立特种加工的 CAD/CAM 和

FMS 系统，这是当前特种加工技术的主要发展趋势。用简单工具电极加工复杂的三维曲面是电解加工和电火花加工的发展方向。目前已实现用四轴联动线切割机床切出扭曲变截面的叶片。随着设备自动化程度的提高，实现特种加工柔性制造系统已成为各工业国家追求的目标。

任务2：电火花成型加工基础知识

【任务引入】

电火花成型加工是特种加工方法之一，在复杂和微细型腔加工等领域起关键作用，掌握电火花成型加工的基本原理，能正确使用各种电参数，完成典型零件的加工，是现代工程师必备的知识和技能。

【任务分析】

本课题的任务是了解电火花成型加工机床的基本原理，熟练操作机床，正确掌握电参数的应用。

【相关知识】

电火花成型加工

1. 电火花成型加工的原理

电火花成型加工是在一定的介质中通过工具电极和工件电极之间的脉冲放电的电蚀作用，对工件进行加工的方法。电火花成型加工的原理如图9.2所示。工件1与工具4分别与脉冲电源2的两输出端相连接。自动进给调节装置3（此处为液压油缸和活塞）使工具和工件间经常保持一很小的放电间隙，当脉冲电压加到两极之间，便在当时条件下相对某一间隙最小处或绝缘强度最弱处击穿介质，在该局部产生火花放电，瞬时高温使工具和工件表面局部熔化，甚至汽化蒸发而电蚀掉一小部分金属，各自形成一个小凹坑。图9.3a表示单个脉冲放电后的电蚀坑。图9.3b表示多次脉冲放电后的电极表面。脉冲放电结束后，经过脉冲间隔时间，使工作液恢复绝缘后，第二个脉冲电压又加到两极上，又会在当时极间距离相对最近或绝缘强度最弱处击穿放电，又电蚀出一个小凹坑。整个加工表面将由无数小凹坑所组成。这种放电循环每秒钟重复数千次到数万次，使工件表面形成许许多多非常小的凹坑，称为电蚀现象。随着工具电极不断进给，工具电极的轮廓尺寸就被精确地"复印"在工件上，达到成型加工的目的。

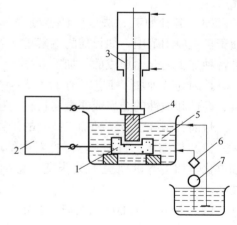

图 9.2　电火花成型加工的原理

1—工件；2—脉冲电源；3—自动进给调节装置；
4—工具；5—工作液；6—过滤器；7—工作液泵

　　当进行电火花加工时，工具电极和工件分别接脉冲电源的两极，并浸入工作液中，或将工作液充入放电间隙。通过间隙自动控制系统控制工具电极向工件进给，当两电极间的间隙达到一定距离时，两电极上施加的脉冲电压将工作液击穿，产生火花放电。在放电的微细通道中瞬时集中大量的热能，温度可高达

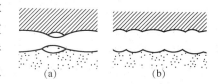

图9.3　电火花加工表面局部放大

10 000℃以上，压力也有急剧变化，从而使这一点工作表面局部微量的金属材料立刻熔化、汽化，并爆炸式地飞溅到工作液中，迅速冷凝，形成固体的金属微粒，被工作液带走。这时在工件表面上便留下一个微小的凹坑痕迹，放电短暂停歇，两电极间工作液恢复绝缘状态。紧接着，下一个脉冲电压又在两电极相对接近的另一点处击穿，产生火花放电，重复上述过程。这样，虽然每个脉冲放电蚀除的金属量极少，但因每秒有成千上万次脉冲放电作用，就能蚀除较多的金属，具有一定的生产率。在保持工具电极与工件之间恒定放电间隙的条件下，一边蚀除工件金属，一边使工具电极不断地向工件进给，最后便加工出与工具电极形状相对应的形状来。因此，只要改变工具电极的形状和工具电极与工件之间的相对运动方式，就能加工出各种复杂的型面。工具电极常用导电性良好、熔点较高和易加工的耐电蚀材料，如铜、石墨、铜钨合金和钼等。在加工过程中，工具电极也有损耗，但小于工件金属的蚀除量，甚至接近于无损耗。工作液作为放电介质，在加工过程中还起着冷却和排屑等作用。常用的工作液是黏度较低、闪点较高和性能稳定的介质，如煤油、去离子水和乳化液等。按照工具电极的形式及其与工件之间相对运动的特征，可将电火花加工方式分为五类：利用成型工具电极，相对工件做简单进给运动的电火花成型加工；利用轴向移动的金属丝作为工具电极，工件按所需形状和尺寸做轨迹运动，以切割导电材料的电火花线切割加工；利用金属丝或成型导电磨轮作为工具电极，进行小孔磨削或成型磨削的电火花磨削；用于加工螺纹环规、螺纹塞规和齿轮等的电火花共轭回转加工；小孔加工、刻印、表面合金化和表面强化等其他种类的加工。

2. 电火花成型加工的特点及应用范围

　　电火花加工是靠局部热效应实现加工的，它和一般切削加工相比有如下特点：

　　（1）它能"以柔克刚"，即用软的工具电极来加工任何硬度的工件材料，如淬火钢、不锈钢、耐热合金和硬质合金等导电材料。

　　（2）电火花加工能加工普通切削加工方法难以切削的材料和复杂形状工件；加工时无切削力；不产生飞边和刀痕沟纹等缺陷；工具电极材料无须比工件材料硬；直接使用电能加工，便于实现自动化；加工后表面产生变质层，在某些应用中需进一步去除；工作液的净化和加工中产生的烟雾污染处理比较麻烦。因而一些小孔、深孔、弯孔、窄缝和薄壁弹性件等，它们不会因工具或工件刚度太低而无法加工；各种复杂的型孔、型腔和立体曲面，都可以采用成型电极一次加工，不会因加工面积过大而引起切削变形。

　　（3）脉冲参数可以任意调节。加工中不要更换工具电极，就可以在同一台机床上通过改变电规准（指脉冲宽度、电流和电压）连续进行粗、半精和精加工。精加工的尺寸精度可达0.01mm，表面粗糙度 Ra 值为0.8μm，微精加工的尺寸精度可达0.002~0.004mm，表面粗糙度 Ra 值为0.1~0.05μm。

　　（4）电火花加工工艺指标，可归纳为生产率（指蚀除速度）、表面粗糙度和尺寸精度。

影响这些的工艺因素，可归纳为电极对、电参数和工作液等。当电极对及工作液已确定后，电参数成为工艺指标的重要参数。一般随着脉冲宽度和电流幅值的增加，放电间隙、生产率和表面粗糙度值均增大，由于提高生产率和降低表面粗糙度值有矛盾，因此，在加工时要根据工件的工艺要求进行综合考虑，以合理选择电参数。

3. 电火花加工的局限性

（1）二次硬化带问题

二次硬化带（又称为硬化带、再硬化层）指电火花加工过程中，由于火花放电产生热量，在工具、模具被加工表面形成的硬化层。在显微镜下可以观察到，二次硬化带为浅白色，厚度约为 0.003 ~ 0.12mm。由于硬化层未经回火处理，处于高应力状态，使模具在使用中容易出现刃口破裂，尤其在硬化层厚度较大的情况下。根据研究报道，电火花加工二次硬化带的形成与被加工件材料性质、介质液选择和电规准选择有关系。例如：在高频率小火花放电情况下的电火花加工容易产生二次硬化带，相应减小二次硬化带形成的办法为：选择合适的模具零件材料，选择合适的电火花加工介质液，在加工中选用较低脉冲频率进行一次或几次精加工。另外，可以采用后续加工办法减少或消除二次硬化带影响，如：后续低温回火、后续电抛光、电解、研磨和磨削等。

（2）电极损耗问题

在加工中，电火花在烧蚀工件材料的同时，也在工具电极上烧蚀电极材料。在多次重复加工中，工具电极逐步失去原有形状，使加工结果变形（精度超差）。解决的办法是：根据具体加工选择合适的工具电极材料，以减小电极材料的烧蚀速度，同时，根据工件材料和电极材料选择合适的电规准（电规准选择见机床使用说明书）。另外，可采用阶梯电极或使用多个铸造电极依次安装进行加工办法解决。如前所述，电火花加工通过工具电极与工件被加工面之间火花放电蚀除金属材料；在粗加工中，电火花加工金属蚀除率可达到 100 ~ 200mm³/min，甚至于更高；但是，这一蚀除率数值仍远低于使用车刀、铣刀等金属切削刀具进行切削加工时可达到的金属切除率。因此，提高电火花加工生产率应充分发挥切削刀具高效切削功能，以车、铣和刨等方法切除尽可能多的金属材料余量，让电火花加工蚀除尽可能少的金属材料余量。此外，提高电火花加工生产率的办法，应在满足加工要求（精度、粗糙度）的前提下，尽可能采用粗规准进行加工，尽可能不用中规准和精规准进行加工。

（3）局限性讨论

未经后处理的二次硬化带对模具使用寿命是一个不利的影响因素，经后处理的二次硬化带对模具使用寿命起延长作用。电火花加工工程技术人员利用火花放电表面硬化特点，开发了用于机械零件磨损修复和强化的电火花强化机。据报道，由脉冲电源和振动器组成的电火花强化机通过火花放电，可在工件表面形成一层高硬度、高耐磨的强化层，在反复振动、放电的作用下，强化层微量增厚，达到修复磨损机械零件和强化机械零件的目的，强化层粗糙度可达到 Ra 值为 1.6μm，硬度可达到 HRC70，一般不经后处理即可应用。

4. 电火花成型加工在模具制造业中的应用

由于电火花加工结果所得到的被加工件形状与加工中使用的电极凸模形状对应，因此，电火花加工适合于制造各种压印模具，包括压痕、压花、压筋和其他变形模具。

由于电火花加工结果凹模型腔形状取决于工具电极凸模形状，并且可通过简化安装，依次加工出模具凹模、卸料板、凸模固定板的对应型腔，因此，电火花加工适用于制造各种下料模具、冲孔模具，包括多凸模下料、冲孔模具。

由于电火花加工不忌被加工件材料的硬度状况，因此，很适合于加工各种高硬度、难加工材料模具（如硬质合金模具）。各种金属模具型腔件可以在热处理后进行电火花精加工。电火花加工主要用于加工具有复杂形状的型孔和型腔的模具和零件；加工各种硬、脆材料，如硬质合金和淬火钢等；加工深细孔、异形孔、深槽、窄缝和切割薄片等；加工各种成形刀具、样板和螺纹环规等工具和量具。

电火花加工可以在硬质材料上同时加工多个不规则型腔而不需要熟练的钳工加工技术，也不需考虑模具热处理变形问题、剖切加工问题（在传统模具加工中，一些模具型腔需要剖切后加工），模具加工所需时间相对较少。

用电火花加工锻模、压铸模、挤压模等型腔以及叶轮、叶片等曲面，比穿孔困难得多。原因如下：

1）型腔属不通孔，所需蚀除的金属量多，工作液难以有效地循环，以致电蚀产物排除不净而影响电加工的稳定性。

2）型腔各处深浅不一和圆角不等，使工具电极各处损耗不一致，影响尺寸仿形加工的精度。

3）不能用阶梯电极来实现粗、精规准的转换加工，影响生产率的提高。

针对上述原因，当电火花加工型腔时，采取如下措施：

1）在工具电极上开冲油孔，利用液压油将电蚀物强迫排除。

2）合理地选择脉冲电源和极性，一般采用电参数调节范围较大的晶体管脉冲电源，用紫铜或石墨作为电极，粗加工时（宽脉冲）负极性，精加工时正极性，以减少工具电极的损耗。

3）采用多规准加工方法，即先用宽脉冲、大电流和低损耗的粗规准加工成型，然后逐极转精整形来实现粗、精规准的转换加工，以提高生产率。

【任务实施】

一、加工流程

电火花成型加工过程中，必须综合考虑机床特性、零件材质和零件形状等因素对加工的影响，针对不同的加工对象，选择合理的加工方法。现以常见的型腔加工工艺路线为例，操作过程如图9.4所示。

二、加工工艺参数的选择

加工工艺参数的选择没有固定的模式，它不是一成不变的。它受面积、放电间隙和粗糙度等诸多因素的影响。只有通过实践以及经验的积累，才能慢慢地掌握它。

1. 根据面积

根据想要加工电极的面积来选择电流，然后在电流确定的前提下，选择适当的脉宽，为了保证加工的低损耗，一般电流密度不要过大，脉宽适当宽一些，一般选在效率曲线的下降沿，但也不宜过宽。

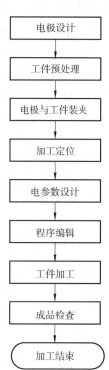

图9.4 型腔工艺过程

电极设计 → 工件预处理 → 电极与工件装夹 → 加工定位 → 电参数设计 → 程序编辑 → 工件加工 → 成品检查 → 加工结束

过宽对减小损耗的效果不明显，但效率和放电间隙都要受影响。加工件的棱角要变钝。从间隔的选择原则上讲，小一些对提高效率减小损耗都有好处，但前提是加工稳定、排屑畅快。譬如用 $\phi30mm$ 的圆电极加工一个 5mm 深的孔，面积为 $7.6cm^2$。根据紫铜电极选择电流的原则，为了保证电极的低损耗，峰值电流选 25A，脉宽 $500\mu s$，间隔 $150\mu s$，平均电流 14 ~ 15A。这样加工速度比较快，损耗也可控制在 0.3% 以下。如果电流再大，或脉宽再窄一点，加工速度可以提高，但损耗会明显加大。如果希望侧壁粗糙度好一些，或放电间隙再小一些，可将电流减小一些，或电流、脉宽和间隔都适当减小一些。

2. 根据放电间隙选择

如果加工过切量已限定，那么无论电极面积大小、电流密度和脉宽都受到不同程度的制约。如还是 $\phi30mm$ 的圆电极，要求加工深度为 1mm，单边放电间隙小于 0.11mm 的浅腔。由于放电间隙的限制，峰值电流和脉宽都要减小，但为了降低损耗，脉宽不宜过小，降低峰值电流，脉宽选 $250\mu s$，间隔 $100\mu s$，峰值电流 13A。

3. 根据粗糙度选择

如果要求所加工的模具侧壁粗糙度要求较高，如 $Ra3.2\mu m$（不平动）。如果不换电极，就只能小电流，较小的脉宽慢工出细活，慢慢地打了。这时峰值电流一般不超过 10A，脉宽不超过 $100\mu s$。

4. 根据效率选择

如果加工落料模，间隙、粗糙度要求都不高，只要快，损耗控制在 5%，这时可加大峰值电流，但由于损耗要控制在 5%，脉宽要选大一些。如电极为 $\phi30mm$，单边空刀 0.3mm，峰值电流可选 30A，脉宽 $800\mu s$。为了增大电流、减小损耗，间隔选小一点，$300\mu s$，加强抬刀（如果用下冲油，一定要用微弱冲油，只要能稳定加工即可，否则损耗将明显加大）。

5. 根据电极损耗选择

有的模具加工，需要一个电极加工多个型腔。这时控制损耗和电极表面的平整是第一位。首先要选择适当的脉宽，为了保证电极表面不被破坏，峰值电流宜小一些。如儿童的薄塑料片拼插玩具，型腔都不深，面积也不大，但一个电极要加工多个型腔。这时电流要小一些，脉宽不要太宽。一方面保持电极表面平整，另一方面粗糙度较好，易于下一步的修光。如果对行腔的棱角要求较高，最好用两个电极，第二个电极用于清角。

三、粗糙度、效率、损耗三者之间的关系，附带曲线图

1. 加工速度

所谓的加工速度是指在单位时间内，工件被蚀除的体积或重量，一般用体积表示。影响加工速度的关键参数是电流密度、脉冲宽度和间隙电压。电流密度可以通过加大峰值电流（即多投入管数）或减小间隔来实现。电流密度与加工速度是正比关系，电流密度越大，加工速度就越快。但需注意一点，电流密度不是可以无止境的任意加大。超出一定范围，电极损耗会急促增加，并且当电流过大，电蚀物的产生超过了排除速度，会产生严重积炭，加工速度反而会下降。严重时会产生拉弧，烧伤电极和工件。而且随着峰值电流的增大，放电间隙、粗糙度也随之增加，并且型腔加工的 R 角也随之增大。所以粗加工时，要求加工速度，但对其他的因素也要加以充分考虑，把峰值电流控制在合理的范围之内（一般紫铜电极小面积加工时 3 ~ 5A/cm^2，大面积加工时 1 ~ 3A/cm^2 左右，石墨由于耐热性和抗冲击性要强

于紫铜，电流可大些），否则损耗过大仿形精度无法保证。过大的间隙和粗糙度对下一步精修也增大了难度。

适当减小间隔，改变脉宽、间隔的占空比，提高脉冲频率，也可以达到增加平均电流的目的。这种方法也可以提高加工速度，但不如加大峰值电流明显。它的优点是对电极损耗与粗糙度和放电间隙的影响要比加大峰值电流小。但减小间隔，必须保证加工稳定，蚀除物可顺畅地排除。过小的间隔可破坏电蚀物的产生和排除的平衡，产生严重的积炭，造成加工速度下降，甚至烧伤。同时积炭也会加大放电间隙和损耗。间隔的选择：长脉冲时一般取脉宽的 1/3～1/5，精加工时取脉宽的 5～10 倍，或更大些。

改变脉宽可提高加工速度。有的人认为，随着脉宽的增加，加工速度也随着增加，其实不然，脉宽和加工速度的关系是一条曲线。有时增加一些脉冲宽度，加工速度就提高了，那是因为脉宽调整的范围正处在曲线的上升部位。由于热学的原因，当脉冲能量一定时，都会有一个加工速度最快的最佳脉冲宽度值。大于或小于这个值，加工速度都会下降。它是一条曲线。在加工中，选择不同的脉冲电流，都对应一个最佳的脉冲宽度。它随脉冲电流的大小而改变，随着峰值电流的增加，最佳脉冲宽度也随着变宽，如图 9.5 所示。

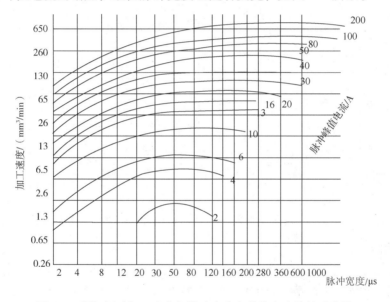

图 9.5　铜打钢时加工速度与脉冲宽度和峰值电流的关系曲线

选择合适的放电间隙电压，是快速加工的一个重要环节。当放电间隙电压较低时，由于两极比较接近，有利于介质击穿，延时击穿时间较短，脉冲宽度利用率高，从电流表上看，加工平均电流较大，加工速度较快。损耗也比间隙电压较高时要小（当间隙电压较高时，脉冲放电处于偏空载。击穿延时较长，脉冲宽度利用率较低，无形中等于脉宽变窄，损耗加大）。但是不能片面地追求低间隙电压加工，要根据具体情况来确定。因为深腔或形状复杂的电极，蚀除物排除较难，过低的间隙电压不利于蚀除物的排出。会造成严重积炭，使加工不稳定，反而降低了加工速度，加大了电极的损耗，甚至烧伤工件。

2. 电极损耗

在电火花成型加工中，工具电极的损耗直接影响仿形精度。特别对于型腔加工，电极损耗这一工艺指标较加工速度更为重要。为了减小电极的损耗，必须很好地利用电火花加工中的各种效应：极性效应、吸附效应和热传导效应等，使电极表面形成炭黑膜，利用炭黑膜的补偿作用来降低电极损耗，这些效应又互相影响互相制约。

①如图 9.6 所示，加大脉冲宽度对减小损耗有明显的效果，随着脉冲宽度的增加，损耗逐步减小，呈一条下降的曲线，但也并非越宽越好。因为过大的脉宽会使加工速度下降，且间隙、粗糙度都要受影响。尤其是截面积很小时，过大的脉宽造成间隙温度过高，放电点不易转移，造成积炭或烧伤，损耗增加。宽脉宽使加工棱角变钝，脉宽越宽 R 角越大。

②电流密度过高会造成电极损耗加大

电流密度过高也会使放电点不易转移，放电后的余热来不及扩散而积累起来造成过热，形成电弧，破坏了炭黑膜生成的条件，覆盖效应减弱，损耗增加。

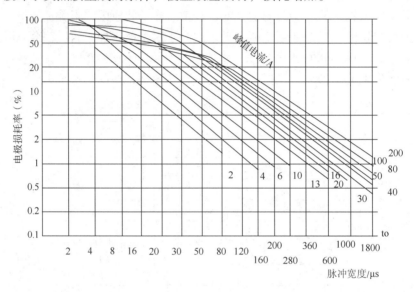

图 9.6　铜打钢时电极损耗率与脉冲宽度和峰值电流的关系曲线

3. 放电间隙

放电间隙也称为过切量。是指加工后工件尺寸的单边扩大量。它受电流密度、脉宽以及加工稳定程度等诸因素的影响。一般情况下，脉宽大，峰值电流大，电压高，加工状态差，都会使加工间隙变大，反之间隙就变小。但在诸多因素中起决定性作用的是脉冲宽度。例如脉宽 $2\mu s$ 保持不变，峰值电流选用 10A 和 48A 分别加工，测得间隙分别为 0.07mm 和 0.09mm 相差不多。但峰值电流 48A 保持不变，脉宽分别为 $2\mu s$ 和 $300\mu s$，这样加工下来，间隙分别为 0.09mm 和 0.47mm，这两个值相差就大了。

4. 表面粗糙度

表面粗糙度是指加工表面上的微观几何形状误差。它由无方向性的无数小坑和硬凸所组成。国家标准规定：加工表面粗糙度用 Ra（轮廓的平均算数偏差）或 Rz（不平度不平高度）来评定。

工件的电火花加工表面粗糙度直接影响其使用性能。如耐磨性、接触刚度、疲劳强度等。尤其对于高速高洁高压条件下工作的模具和零件，其表面粗糙度往往是决定其使用性能和寿命的关键，如图 9.7 所示。

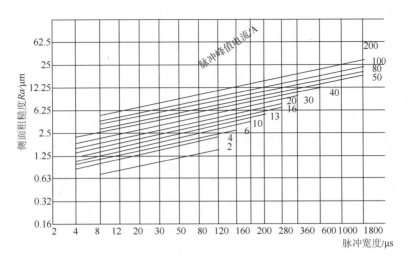

图 9.7　铜打钢时粗糙度与脉冲宽度和峰值电流的关系曲线

　　总之，要协调好电参数，处理好效率与低损耗、放电间隙和粗糙度之间的矛盾，才能快速、低损耗和高精度完成工件的加工，见表 9.1。

表 9.1　工艺指标与电参数之间的关系

工艺指标 电参数	加工速度	电极损耗	表面粗糙度值	备　注
峰值电流 I_m ↑	↑	↑	↑	加工间隙 ↑ 型腔加工锥度 ↑
脉冲宽度 t_k ↑	↑	↓	↑	加工间隙 ↑ 加工稳定性 ↑
脉冲间歇 t_o ↑	↓	↑	○	加工稳定性 ↑
空载电压 U_o ↑	↓	○	↑	加工间隙 ↑ 加工稳定性 ↑
介质清洁度 ↑	中粗加工 ↓ 精加工 ↑	○	○	稳定性 ↑

　　注：○　表示无影响。

四、加工实施

1. 浅型腔花纹模的加工实例

纪念章：电极尺寸为 $\phi40mm$，圆面积 $12.56cm^2$ 上面刻有精细花纹及文字。

加工深度：0.5mm。

工件材料：45 钢。

此工件是工艺美术品模具，尺寸无精度要求，但要求型面光洁均匀，花纹、字迹清晰。

①装夹、校正、固定

以花纹平面周边上的平面为基准，在 X、Y 两个方向校平（或用小火花放电法找平），然后予以固定，将工件固定牢固。

②加工规准

由于此模具对加工面的要求较高，既要求粗糙度（$Ra1.6\mu m$）也要求型面平整、放电点均匀。故电流、脉宽不宜过大。因为电流、脉宽过大会破坏电极的平整，并使侧壁粗糙。由于此模具是直接成型不更换电极，也无法平动，所以用中规准加工。考虑到开始放电时为尖角放电面积不大，所以峰值电流给小一些，等接触面加大后，再适当地增加电流，见表9.2。

表9.2　电参数指标

脉宽/μs	间隔/μs	高压/V	低压/V	电流/A	间隙电压/V	进给深度/mm
250	100	1	2	4	55	0.1
250	100	1	6	8	55	0.3
150	70	1	4	3	55	0.4
50	40	1	4	1.2	55	0.45
16	40	1	4	0.8	55	0.48
2	30	2	2	0.5	55	0.51

2. 型腔模的加工实例

要求底及侧壁粗糙度 $Ra1.6\mu m$，端面 R 角小于 0.4mm。由于对侧壁粗糙度要求较高，故需用平动头修光，由于对端面棱角有一定的要求，所以电流、脉宽都不宜过大，否则角损增大，棱角难以达到要求。考虑到放电间隙及平动量，电极尺寸缩小 0.4mm，见表9.3。

表9.3　加工规准

脉宽/μs	间隔/μs	高压峰值流/A	低压峰值流/A	间隙电压/V	进给深度/mm	平动量/mm
250	100	1.7	13.13	50	0.048	
150	100	1.7	10	60	0.043	
100	70	1.7	7.3	60	0.049	
70	50	1.7	7.3	60	0.042	
40	50	1.7	7.3	60	0.045	
70	70	1.7	4.17	60	0.046	0.14
40	70	1.7	3.13	60	0.047	0.16
20	50	1.7	3.13	60	0.048	0.18
10	50	1.7	3.13	60	0.049	0.19
5	50	1.7	3.13	60	0.05	0.205
2	30	1.7	3.13	60	0.051	0.22
2	30	1.7	0	30	0.052	0.23

【归纳总结】

简单介绍了电火花成型加工原理、特点和应用，了解了电火花成型加工的方法，通过实例论述了电火花成型加工的工艺参数对加工质量效率的影响。

【任务评价】

本任务考察学生对电火花成型工艺的掌握程度。

项 目	得 分	备 注
实习纪律		30分
浅型腔花纹模的加工		20分
型腔模的加工		20分
加工表面质量		20分
安全操作		10分

任务3: 典型零件电火花线切割加工

【任务引入】

电火花线切割加工是特种加工方法之一，在超硬、超软和强韧性材料的加工中起关键作用，掌握电火花线切割加工的基本原理，能正确使用各种电参数，完成典型零件的加工，是现代工程师必备知识。

【任务分析】

本课题的任务是了解电火花线切割加工机床的基本原理，熟练操作机床，正确掌握电参数的应用。

【相关知识】

一、电火花线切割加工的原理

电火花线切割加工与电火花成型加工的基本原理相同：都是基于电极间脉冲放电时的电火花腐蚀原理，实现零部件的加工。不同的是电火花线切割加工不需要制造复杂的成型电极。

电火花线切割加工是利用移动的细金属导线（铜丝或钼丝）作为工具电极，工件按照预定的轨迹运动，利用数控技术对工件进行脉冲火花放电，通过电腐蚀作用将工件切割成形的加工方法。

往复高速走丝（也称为快走丝）机床（WEDM-HS）是我国独创的机种，也是我国使用的主流机型，走丝速度：$8\sim10\text{m/s}$，如图9.8a所示。

电火花线切割加工是电火花加工的一个分支，是一种直接利用电能和热能进行加工的工艺方法单向低速走丝（也称为慢走丝）机床（WEDM-LS），是国外生产和使用的主要机种，走丝速度：$<0.2\text{m/s}$。现在所有线切割机床均采用微机数控系统并能自动编程。

如图9.8b所示，工件接脉冲电源的正极，电极丝接负极，工件相对电极丝按预定的要求运动。

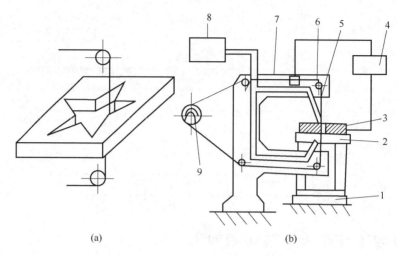

图 9.8 往复高速走丝机床和电火花切割加工示意图

(a) 电火花切割加工示意图；(b) 往复高速走丝机床

1—坐标工作台；2—夹具；3—工件；4—脉冲电源；5—导轮；6—电极丝

7—丝架；8—工作液箱；9—贮丝筒

二、电火花线切割加工的特点

（1）电火花线切割加工与电火花成型加工的共性表现（相同之处）：电压、电流的波形基本相似（矩形脉冲）。

加工机理、生产率和表面粗糙度等工艺规律，材料的可加工性等也基本相似；可以加工硬质合金等一切导电材料。

（2）电火花线切割加工与电火花成型加工的不同特点（不同之处）：工具电极为细丝，直径小，截面面积小，故脉冲宽度、平均电流均不能太大，工艺参数相当于中、精规准加工，常采用正极性加工；采用水或水基工作液（一般不用煤油），不会引燃起火，较安全，一般没有稳定的电弧放电状态。电极与工件之间常为"疏松接触"式轻压放电；工具电极为细丝，不用制成各种形状；可加工细微异形孔、窄缝和复杂形状的工件，且金属去除量少，材料利用率高；电极丝始终移动，损耗少，加工精度较好。

三、电火花线切割加工的应用范围

1. 加工模具

适用于各种形状的冲模。加工精度通常都能达到：0.01～0.02mm（快走丝）和 0.002～0.005mm（慢走丝），还可加工挤压模、粉末冶金模、弯曲模和塑压模等，也可加工锥度的模具。

2. 切割电火花线成型加工用的电极

穿孔加工用和带锥度型腔加工用的电极，铜钨、银钨合金电极，微细复杂形状电极。

3. 加工零件

试切新产品零件，修改设计和变更加工程序方便，无须制模，周期短成本低；可将多片薄件叠成整体加工；多品种少批量零件、难加工材料零件、材料试验样件、各种型孔、型面、特殊齿轮、凸轮、样板、成型刀具；能进行微细加工。

四、数控电火花线切割加工机床的基本组成

数控电火花线切割加工机床可分为机床主机和控制台两大部分。

1. 控制台

控制台中装有控制系统和自动编程系统，能在控制台中进行自动编程和对机床坐标工作台的运动进行数字控制。

2. 机床主机

机床主机主要包括坐标工作台、运丝机构、丝架、冷却系统和床身五个部分。图9.9所示为快走丝线切割机床主机示意图。

（1）坐标工作台用来装夹被加工的工件，其运动分别由两个步进电动机控制。

（2）运丝机构用来控制电极丝与工件之间产生相对运动。

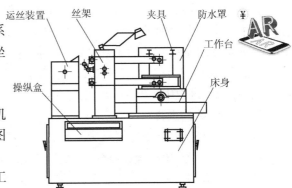

图9.9　快走丝线切割机床主机示意图

（3）丝架与运丝机构一起构成电极丝的运动系统。它的功能主要是对电极丝起支撑作用，并使电极丝工作部分与工作台平面保持一定的几何角度，以满足各种工件（如带锥工件）加工的需要。

（4）冷却系统用来提供有一定绝缘性能的工作介质——工作液，同时可对工件和电极丝进行冷却。

五、数控电火花线切割的加工工艺与工装

1. 数控电火花线切割的加工工艺

线切割的加工工艺主要是电加工参数和机械参数的合理选择。电加工参数包括脉冲宽度和频率、放电间隙、峰值电流等。机械参数包括进给速度和走丝速度等。应综合考虑各参数对加工的影响，合理地选择工艺参数，在保证工件加工质量的前提下，提高生产率，降低生产成本。

电加工参数的选择

正确选择脉冲电源加工参数，可以提高加工工艺指标和加工的稳定性。粗加工时，应选用较大的加工电流和大的脉冲能量，可获得较高的材料去除率（即加工生产率）。而精加工时，应选用较小的加工电流和小的单个脉冲能量，可获得加工工件较低的表面粗糙度。

加工电流就是指通过加工区的电流平均值，单个脉冲能量大小，主要由脉冲宽度、峰值电流和加工幅值电压决定。脉冲宽度是指脉冲放电时脉冲电流持续的时间，峰值电流指放电加工时脉冲电流的峰值，加工幅值电压指放电加工时脉冲电压的峰值。

下列电规准实例可供使用时参考：

（1）精加工：脉冲宽度选择最小档，电压幅值选择低档，幅值电压为75V左右，接通1～2个功率管，调节变频电位器，加工电流控制在0.8～1.2A，加工表面粗糙度 $Ra \leqslant 2.5\mu m$。

（2）最大材料去除率加工：脉冲宽度选择4～5档，电压幅值选取"高"值，幅值电压

为 100V 左右，功率晶体管全部接通，调节变频电位器，加工电流控制在 4 ~ 4.5A，可获得 100mm/min 左右的去除率（加工生产率）（材料厚度在 40 ~ 60mm 左右）。

（3）大厚度工件加工（>300mm）：幅值电压打全"高"档，脉冲宽度选 5 ~ 6 档，功率晶体管开 4 ~ 5 个，加工电流控制在 2.5 ~ 3A，材料去除率 >3mm/min。

（4）较大厚度工件加工（60 ~ 100mm）：幅值电压打至高档，脉冲宽度选取 5 档，功率晶体管开 4 个左右，加工电流调至 2.5 ~ 3A，材料去除率 50 ~ 60mm/min。

（5）薄工件加工：幅值电压选低档，脉冲宽度选第 1 或第 2 档，功率晶体管开 2 ~ 3 个，加工电流调至 1A 左右。改变加工的电规准，必须关断脉冲电源输出（调整间隔电位器 RP1 除外），在加工过程中一般不应改变加工电规准，否则会造成加工表面粗糙度不一样。

2. 机械参数的选择

对于普通的快走丝线切割机床，其走丝速度一般是固定不变的。进给速度的调整主要是电极丝与工件之间的间隙调整。切割加工时进给速度和电蚀速度要协调好，不要欠跟踪或跟踪过紧。进给速度的调整主要靠调节变频进给量，在某一具体加工条件下，只存在一个相应的最佳进给量，此时钼丝的进给速度恰好等于工件实际可能的最大蚀除速度。欠跟踪时使加工经常处于断路状态，无形中降低了生产率，且电流不稳定，容易造成断丝；过紧跟踪时容易造成短路，也会降低材料去除率。一般调节变频进给，使加工电流为短路电流的 0.85 倍左右（电流表指针略有晃动即可）。就可保证为最佳工作状态，即此时变频进给速度最合理、加工最稳定和切割速度最高。表 9.4 给出了根据进给状态调整变频的方法。

表 9.4　根据进给状态调整变频的方法

实频状态	进给状态	加工面状况	切割速度	电极丝	变频调整
过紧跟踪	慢而稳	焦褐色	低	略焦，老化快	应减慢进给速度
欠跟踪	忽慢忽快 不均匀	不光洁 易出深痕	较快	易烧丝，丝上易有 白斑伤痕	应加快进给速度
欠佳跟踪	慢而稳	略焦褐，有条纹	低	焦色	应稍增加进给速度
最佳跟踪	很稳	发白，光洁	快	发白，老化慢	不需再调整

3. 电火花线切割加工工艺装备的应用

工件装夹的形式对加工精度有直接影响。一般是在通用夹具上采用压板螺钉固定工件。为了适应各种形状工件加工的需要，还可使用磁性夹具或专用夹具。

（1）常用夹具的名称、用途及使用方法

1）压板夹具主要用于固定平板状的工件，对于稍大的工件要成对使用。夹具上如有定位基准面，则加工前应预先用划针或百分表将夹具定位基准面与工作台对应的导轨校正平行，这样在加工批量工件时较方便，因为切割型腔的划线一般是以模板的某一面为基准。夹具成对使用时两件基准面的高度一定要相等，否则切割出的型腔与工件端面不垂直，造成废品。在夹具上加工出 V 形的基准，则可用以夹持轴类工件。

2）磁性夹具采用磁性工作台或磁性表座夹持工件，主要适应于夹持钢质工件，因它靠磁力吸住工件，故不需要压板和螺钉，操作快速方便，定位后不会因压紧而变动，如图 9.10 所示。

（2）工件装夹的一般要求

1）工件的基准面应清洁无飞边。经热处理的工件，在穿丝孔内及扩孔的台阶处，要清除热处理残物及氧化皮。

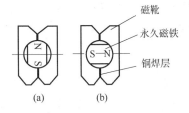

图9.10 磁性夹具

2）夹具应具有必要的精度，将其稳固地固定在工作台上，拧紧螺钉时用力要均匀。

3）工件装夹的位置应有利于工件找正，并与机床的行程相适应，工作台移动时工件不得与丝架相碰。

4）对工件的夹紧力要均匀，不得使工件变形或翘起。

5）当大批零件加工时，最好采用专用夹具，以提高生产率。

6）细小、精密、薄壁的工件应固定在不易变形的辅助夹具上。

（3）支撑装夹方式

支撑装夹方式主要有悬臂支撑方式、两端支撑方式、桥式支撑方式、板式支撑方式和复式支撑方式等。

（4）工件的调整

当工件装夹时，还必须配合找正进行调整，使工件的定位基准面与机床的工作台面或工作台进给方向保持平行，以保证所切割的表面与基准面之间的相对位置精度。常用的找正方法如下：

1）百分表找正法如图9.11所示，用磁力表架将百分表固定在丝架上，往复移动工作台，按百分表上指示值调整工件位置，直至百分表指针偏摆范围达到所要求的精度。

2）划线找正法如图9.12所示，利用固定在丝架上的划针对正工件上划出的基准线，往复移动工作台，目测划针与基准线间的偏离情况，调整工件位置，此法适应于精度要求不高的工件加工。

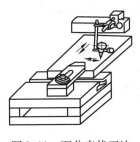

图9.11 百分表找正法

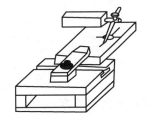

图9.12 划线找正法

（5）电极丝位置的调整

线切割加工前，应将电极丝调整到切割的起始坐标位置上，其调整方法如下：

1）目测法调整电极丝位置如图9.13所示，利用穿丝孔处划出的十字基准线，分别沿划线方向观察电极丝与基准线的相对位置，根据两者的偏离情况移动工作台，当电极丝中心分别与纵、横方向基准线重合时，工作台纵、横方向刻度盘上的读数就确定了电极丝的中心位置。

2）火花法调整电极丝位置如图9.14所示，开启高频及运丝筒（注意：电压幅值、脉冲宽度和峰值电流均要打到最小，且不要开切削液），移动工作台使工件的基准面靠近电极丝，在出现火花的瞬时，记下工作台的相对坐标值，再根据放电间隙计算电极丝中心坐标。此法虽简单易行，但定位精度较差。

图 9.13　目测法调整电极丝位置

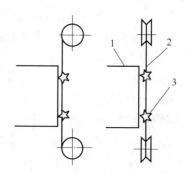

图 9.14　火花法调整电极丝位置
1—工件；2—电极丝；3—火花

3）自动找正。一般的线切割机床，都具有自动找边、自动找中心的功能，找正精度较高。操作方法因机床而异。

六、数控电火花线切割机床的操作

本节以 DK7725E 型线切割机床为例，介绍线切割机床的操作。图 9.15 所示为 DK7725E 型线切割机床的操作面板。

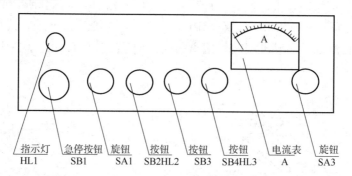

图 9.15　DK7725E 型线切割机床的操作面板

（一）开机与关机程序

1. 开机程序

（1）合上机床主机上电源总开关。

（2）松开机床电气面板上急停按钮 SB1。

（3）合上控制柜上电源开关，进入线切割机床控制系统。

（4）按要求装上电极丝。

（5）逆时针旋转 SA1。

（6）按 SB2，启动运丝电动机。

（7）按 SB4，启动冷却泵。

（8）顺时针旋转 SA3，接通脉冲电源。

2. 关机程序

（1）逆时针旋转 SA3，切断脉冲电源。

（2）按下急停按钮 SB1，运丝电动机和冷却泵将同时停止工作。

（3）关闭控制柜电源。

（4）关闭机床主机电源。

（二）脉冲电源

DK7725E 型线切割机床脉冲电源简介

（1）机床电气柜脉冲电源操作面板如图 9.16 所示。

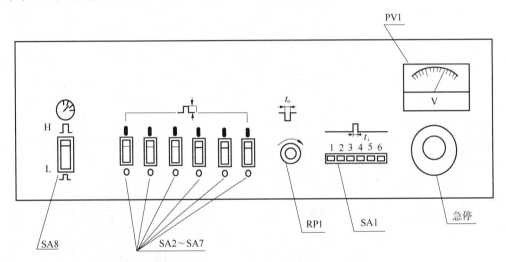

图 9.16　机床电气柜脉冲电源操作面板

SA1—脉冲宽度选择；SA2～SA7—功率晶体管选择；SA8—电压幅值选择；RP1—脉冲间隔调节；

PV1—电压幅值指示急停按钮，按下此键，机床运丝、水泵电动机全停，脉冲电源输出切断

（2）电源参数简介

①脉冲宽度

脉冲宽度 t_i 选择开关 SA1 共分为六档，从左边开始往右边分别为：

第一档：5μs　　　　第二档：15μs　　　　第三档：30μs

第四档：50μs　　　　第五档：80μs　　　　第六档：120μs

②功率晶体管

功率晶体管个数选择开关 SA2～SA7 可控制参加工作的功率晶体管个数，如六个开关均接通，六个功率晶体管同时工作，这时峰值电流最大。如五个开关全部关闭，只有一个功率晶体管工作，此时峰值电流最小。每个开关控制一个功率晶体管。

③幅值电压

幅值电压选择开关 SA8 用于选择空载脉冲电压幅值，开关按至"L"位置，电压为 75V 左右；按至"H"位置，则电压为 100V 左右。

④脉冲间隔

改变脉冲间隔 t_o 调节电位器 RP1 阻值，可改变输出矩形脉冲波形的脉冲间隔 t_o，即能改变加工电流的平均值，电位器旋置最左，脉冲间隔最小，加工电流的平均值最大。

⑤电压表

电压表 PV1，由 0～150V 直流表指示空载脉冲电压幅值。

（三）线切割机床控制系统

DK7725E 型线切割机床配有 CNC-10A 自动编程和控制系统。

1. 系统的启动与退出

在计算机桌面上双击 YH 图标，即可进入 CNC-10A 控制系统。按"Ctrl + Q"退出控制系统。

2. CNC-10A 控制系统界面示意图

图 9.17 所示为 CNC-10A 控制系统界面。

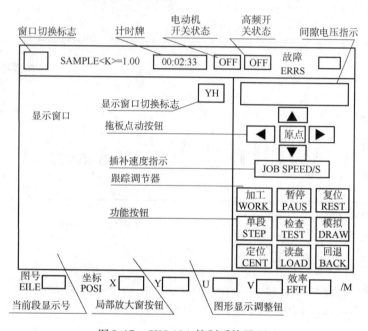

图 9.17　CNC-10A 控制系统界面

3. CNC-10A 控制系统功能及操作详解

本系统所有的操作按钮、状态和图形显示全部在屏幕上实现。各种操作命令均可用轨迹球或相应的按键完成。当鼠标器操作时，可移动鼠标器，使屏幕上显示的箭状光标指向选定的屏幕按钮或位置，然后用鼠标器左键单击，即可选择相应的功能。现将各种控制功能介绍如下（图 9.17）：

［显示窗口］：该窗口下用来显示加工工件的图形轮廓、加工轨迹或相对坐标、加工代码。

［显示窗口切换标志］：用轨迹球点取该标志（或按'F10'键），可改变显示窗口的内容。当系统进入时，首先显示图形，以后每点取一次该标志，依次显示"相对坐标""加工代码""图形"……其中相对坐标方式，以大号字体显示当前加工代码的相对坐标。

［间隙电压指示］：显示放电间隙的平均电压波形（也可以设定为指针式电压表方式）。在波形显示方式下，指示器两边各有一条 10 等分线段，空载间隙电压定为 100%（即满幅值），等分线段下端的黄色线段指示间隙短路电压的位置。波形显示的上方有两个指示标志：短路回退标志"BACK"，该标志变红色，表示短路；短路率指示，表示间隙电压在设

定短路值以下的百分比。

[电动机开关状态]：在电动机标志右边有状态指示标志 ON（红色）或 OFF（黄色）。ON 状态，表示电动机上电锁定（进给）；OFF 状态为电动机释放。用光标点取该标志可改变电动机状态（或用数字小键盘区的'Home'键）。

[高频开关状态]：在脉冲波形图符右侧有高频电压指示标志。ON（红色）、OFF（黄色）表示高频的开启与关闭；用光标点该标志可改变高频状态（或用数字小键盘区的"PgUp"键）。在高频开启状态下，间隙电压指示将显示电压波形。

[拖板点动按钮]：屏幕右中部有上下左右方向四个箭标按钮，可用来控制机床点动运行。若电动机为 ON 状态，光标点取这四个按钮可以控制机床按设定参数做 X、Y 或 U、V 方向点动或定长走步。在电动机失电状态 OFF 下，点取移动按钮，仅用作坐标计数。

[原点]：用光标点取该按钮（或按"I"键）进入回原点功能。若电动机为 ON 状态，系统将控制拖板和丝架回到加工起点（包括"U-V"坐标），返回时取最短路径；若电动机为 OFF 状态，光标返回坐标系原点。

[加工]：工件安装完毕，程序准备就绪后（已模拟无误），可进入加工。用光标点取该按钮（或按"W"键），系统进入自动加工方式。首先自动打开电动机和高频，然后进行插补加工。此时应注意屏幕上间隙电压指示器的间隙电压波形（平均波形）和加工电流。若加工电流过小且不稳定，可用光标点取跟踪调节器的'+'按钮（或'End'键），加强跟踪效果。反之，若频繁地出现短路等跟踪过快现象，可点取跟踪调节器'－'按钮（或'Page Down'键），至加工电流、间隙电压波形、加工速度平稳。加工状态下，屏幕下方显示当前插补的 X-Y、U-V 绝对坐标值，显示窗口绘出加工工件的插补轨迹。显示窗下方的显示器调节按钮可调整插补图形的大小和位置，或者开启/关闭局部观察窗。点取显示切换标志，可选择图形/相对坐标显示方式。

[暂停]：用光标点取该按钮（或按"P"键或数字小键盘的"Del"键），系统将终止当前的功能（如加工、单段、控制、定位和回退）。

[复位]：用光标点取该按钮（或按"R"键）将终止当前一切工作，消除数据和图形，关闭高频和电动机。

[单段]：用光标点取该按钮（或按"S"键），系统自动打开电动机、高频，进入插补工作状态，加工至当前代码段结束时，系统自动关闭高频，停止运行。再按 [单段]，继续进行下段加工。

[检查]：用光标点取该按钮（或按"T"键），系统以插补方式运行一步，若电动机处于 ON 状态，机床拖板将做响应的一步动作，在此方式下可检查系统插补及机床的功能是否正常。

[模拟]：模拟检查功能可检验代码及插补的正确性。在电动机失电状态下（OFF 状态），系统以 2500 步/s 的速度快速插补，并在屏幕上显示其轨迹及坐标。若在电动机锁定状态下（ON 状态），机床空走插补，拖板将随之动作，可检查机床控制联动的精度及正确性。"模拟"操作方法如下：

（1）读入加工程序。

（2）根据需要选择电动机状态后，按 [模拟] 钮（或'D'键），即进入模拟检查状态。

屏幕下方显示当前插补的 X-Y、U-V 坐标值（绝对坐标），若需要观察相对坐标，可用光标点取显示窗右上角的［显示切换标志］（或'F10'键），系统将以大号字体显示，再点取［显示切换标志］，将交替地处于图形/相对坐标显示方式，点取显示调节按钮最左边的局部观察钮（或'F1'键），可在显示窗口的左上角打开一局部观察窗，在观察窗内显示放大十倍的插补轨迹。若需中止模拟过程，可按［暂停］钮。

［定位］：系统可依据机床参数设定，自动定中心及 ±X、±Y 四个端面。

（1）定位方式选择

①用光标点取屏幕右中处的参数窗标志［OPEN］（或按"O"键），屏幕上将弹出参数设定窗，可见其中有［定位 LOCATION XOY］一项。

②将光标移至'XOY'处轻点左键，将依次显示为 XOY、XMAX、XMIN、YMAX、YMIN。

③选定合适的定位方式后，用光标点取参数设定窗左下角的 CLOSE 标志。

（2）定位

光标点取电动机状态标志，使其成为'ON'（原为'ON'可省略）。按［定位］钮（或'C'键），系统将根据选定的方式自动进行对中心、定端面的操作。在钼丝遇到工件某一端面时，屏幕会在相应位置显示一条亮线。按［暂停］钮可中止定位操作。

［读盘］：将存有加工代码文件的软盘插入软驱中，用光标点取该按钮（或按"L"键），屏幕将出现磁盘上存贮全部代码文件名的数据窗。用光标指向需读取的文件名，轻点左键，该文件名背景变成黄色；然后用光标点取该数据窗左上角的'口'（撤销）按钮，系统自动读入选定的代码文件，并快速绘出图形。该数据窗的右边有上下两个三角标志'△'按钮，可用来向前或向后翻页，当代码文件不在第一页中显示时，可用翻页来选择。

［回退］：系统具有自动/手动回退功能。在加工或单段加工中，一旦出现高频短路现象，系统即自动停止插补，若在设定的控制时间内（由机床参数设置），短路达到设定的次数，系统将自动回退。若在设定的控制时间内，短路仍不能消除，系统将自动切断高频，停机。

在系统静止状态（非［加工］或［单段］），按下［回退］钮（或按"B"键），系统做回退运行，回退至当前段结束时，自动停止；若再按该按钮，继续前一段的回退。

［跟踪调节器］：该调节器用来调节跟踪的速度和稳定性，调节器中间红色指针表示调节量的大小；表针向左移动，位跟踪加强（加速）；向右移动，位跟踪减弱（减速）。指针表两侧有两个按钮，"+"按钮（或"Eed"键）加速，"−"按钮（或"PgDn"键）减速；调节器上方英文字母 JOB SPEED/S 后面的数字量表示加工的瞬时速度，单位为：步/s。

［段号显示］：此处显示当前加工的代码段号，也可用光标点取该处，在弹出屏幕小键盘后，键入需要起割的段号（注：当锥度切割时，不能任意设置段号）。

［局部观察窗］：点击该按钮（或 F1 键），可在显示窗口的左上方打开一局部窗口，其中将显示放大十倍的当前插补轨迹；再按该按钮时，局部窗关闭。

［图形显示调整按钮］：这六个按钮有双重功能，在图形显示状态时，其功能依次为：

"＋"或 F2 键：图形放大 1.2 倍

"−"或 F3 键：图形缩小 0.8 倍

"←"或 F4 键：图形向左移动 20 单位

"→"或 F5 键：图形向右移动 20 单位

"↑"或 F6 键：图形向上移动 20 单位

"↓"或 F7 键：图形向下移动 20 单位

［坐标显示］：屏幕下方"坐标"部分显示 X、Y、U、V 的绝对坐标值。

［效率］：此处显示加工的效率，单位为 mm/min；系统每加工完一条代码，即自动统计所用的时间，并求出效率。

［YH 窗口切换］：光标点取该标志或按"Esc"键，系统转换到绘图式编程屏幕。

［图形显示的缩放及移动］：在图形显示窗下有小按钮，从最左边算起分别为对称加工、平移加工、旋转加工和局部放大窗开启/关闭（仅在模拟或加工状态下有效），其余依次为放大、缩小、左移、右移、上移、下移，可根据需要选用这些功能，调整在显示窗口中图形的大小及位置。

具体操作可用轨迹球点取相应的按钮，或从局部放大起直接按 F1、F2、F3、F4、F5、F6、F7 键。

［代码的显示、编辑、存盘和倒置］：用光标点取显示窗右上角的［显示切换标志］（或"F10"键），显示窗依次为图形显示、相对坐标显示、代码显示（模拟、加工、单段工作时不能进入代码显示方式）。

在代码显示状态下用光标点取任一有效代码行，该行即点亮，系统进入编辑状态，显示调节功能钮上的标记符号变成：S、I、D、Q、↑、↓，各键的功能变换成：

S——代码存盘　　　　　　　　　　I——代码倒置（倒走代码变换）

D——删除当前行（点亮行）　　　　Q——退出编辑状态

↑——向上翻页↓——向下翻页

在编辑状态下可对当前点亮行进行输入、删除操作（键盘输入数据）。编辑结束后，按 Q 键退出，返回图形显示状态。

［记时牌功能］：系统在［加工］、［模拟］、［单段］工作时，自动打开记时牌。终止插补运行，记时自动停止。用光标点取记时牌，或按"O"键可将记时牌清零。

［倒切割处理］：读入代码后，点取［显示窗口切换标志］或按"F10"键，直至显示加工代码。用光标在任一行代码处轻点一下，该行点亮。窗口下面的图形显示调整按钮标志转成 S、I、D、Q 等；按"I"钮，系统自动将代码倒置（上下异形件代码无此功能）；按"Q"键退出，窗口返回图形显示。在右上角出现倒走标志"V"，表示代码已倒置，［加工］、［单段］、［模拟］以倒置方式工作。

［断丝处理］：当加工遇到断丝时，可按［原点］（或按"I"键）拖板将自动返回原点，锥度丝架也将自动回直（注：断丝后切不可关闭电动机，否则即将无法正确返回原点）。若工件加工已将近结束，可将代码倒置后，再行切割（反向切割）。

（四）线切割机床绘图式自动编程系统

1. CNC-10A 绘图式自动编程系统界面示意图

在控制屏幕中用光标点取左上角的［YH］窗口切换标志（或按 ESC 键），系统将转入 CNC-10A 编程屏幕。图 9.18 所示为绘图式自动编程系统主界面。

2. CNC-10A 绘图式自动编程系统图标命令和菜单命令简介

CNC-10A 绘图式自动编程系统的操作集中在 20 个命令图标和 4 个弹出式菜单内。它们构成了系统的基本工作平台。在此平台上，可进行绘图和自动编程。表 9.5 所示为 20 个命令图标功能简介，图 9.19 所示为 CNC-10A 自动编程系统的菜单功能。

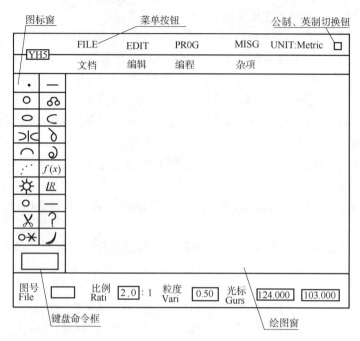

图 9.18 绘图式自动编程系统主界面

表9.5 20个命令图标功能简介

1. 点输入	·	2. 直线输入	—
3. 圆输入	◯	4. 公切线/公切圆输入	⚬⚬
5. 椭圆输入	⬭	6. 抛物线输入	C
7. 双曲线输入	✳	8. 渐开线输入	∂
9. 摆线输入	⌒	10. 螺旋线输入	∂
11. 列表点输入	⋮	12. 任意函数方程输入	$f(x)$
13. 齿轮输入	☼	14. 过渡圆输入	$\angle R$
15. 辅助圆输入	◯	16. 辅助线输入	—
17. 删除线段输入	✂	18. 询问	?
19. 清理	✕	20. 重画	⟋

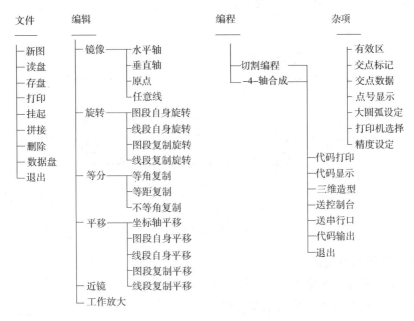

图 9.19　CNC-10A 自动编程系统的菜单功能

（五）电极丝的绕装

具体绕装过程如下：

（1）机床操纵面板 SA1 旋钮左旋。

（2）上丝起始位置在贮丝筒右侧，用摇手手动将贮丝筒右侧停在线架中心位置。

（3）将右边撞块压住换向行程开关触点，左边撞块尽量拉远。

（4）松开上丝器上螺母 5，装上钼丝盘 6 后拧上螺母 5。

（5）调节螺母 5，将钼丝盘压力调节适中。

（6）将钼丝一端通过图中件 3 上丝轮后固定在贮丝筒 1 右侧螺钉上。

（7）空手逆时针转动贮丝筒几圈，转动时撞块不能脱开换向行程开关触点。

（8）按操纵面板上 SB2 旋钮（运丝开关），贮丝筒转动，钼丝自动缠绕在贮丝筒上，到要求后，按操纵面板上 SB1 急停旋钮，即可将电极丝装至贮丝筒上（图 9.20）。

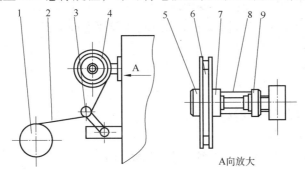

图 9.20　电极丝绕至贮丝筒上示意图

1—贮丝筒；2—钼丝；3—排丝轮；4—上丝架；5—螺母；

6—钼丝盘；7—挡圈；8—弹簧；9—调节螺母

（9）按图 9.21 所示方式，将电极丝绕至丝架上。

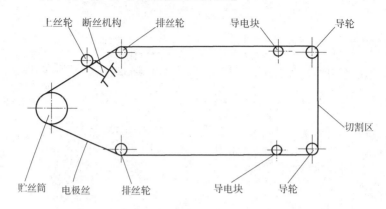

图 9.21　电极丝绕至丝架上示意图

（六）工件的装夹与找正

（1）装夹工件前先校正电极丝与工作台的垂直度。

（2）选择合适的夹具将工件固定在工作台上。

（3）按工件图样要求用百分表或其他量具找正基准面，使之与工作台的 X 向或 Y 向平行。

（4）工件装夹位置应使工件切割区在机床行程范围之内。

（5）调整好机床线架高度，切割时，保证工件和夹具不会碰到线架的任何部分。

（七）机床操作步骤

（1）合上机床主机上电源开关。

（2）合上机床控制柜上电源开关，启动计算机，双击计算机桌面上 YH 图标，进入线切割控制系统。

（3）解除机床主机上的急停按钮。

（4）按机床润滑要求加注润滑油。

（5）开启机床空载运行 2min，检查其工作状态是否正常。

（6）按所加工零件的尺寸、精度和工艺等要求，在线切割机床自动编程系统中编制线切割加工程序，并送控制台，或手工编制加工程序，并通过软驱读入控制系统。

（7）在控制台上对程序进行模拟加工，以确认程序准确无误。

（8）工件装夹。

（9）开启贮丝筒。

（10）开启切削液。

（11）选择合理的电加工参数。

（12）手动或自动对刀。

（13）点击控制台上的"加工"键，开始自动加工。

（14）加工完毕后，按"Ctrl + Q"键退出控制系统，并关闭控制柜电源。

（15）拆下工件，清理机床。

（16）关闭机床主机电源。

（八）机床安全操作规程

根据 DK7725E 型线切割机床的操作特点，特制订如下操作规程：

（1）学生初次操作机床，需仔细阅读线切割机床《实训指导书》或《机床操作说明书》，并在实训教师指导下操作。

（2）当手动或自动移动工作台时，必须注意钼丝位置，避免钼丝与工件或工装产生干涉而造成断丝。

（3）当用机床控制系统的自动定位功能进行自动找正时，必须关闭高频，否则会烧丝。

（4）当关闭贮丝筒时，必须停在两个极限位置（左或右）。

（5）当装夹工件时，必须考虑本机床的工作行程，加工区域必须在机床行程范围之内。

（6）工件及装夹工件的夹具高度必须低于机床线架高度，否则，加工过程中会发生工件或夹具撞上线架而损坏机床。

（7）支撑工件的工装位置必须在工件加工区域之外，否则，加工时会连同工件一起割掉。

（8）工件加工完毕，必须随时关闭高频。

（9）经常检查导轮、排丝轮、轴承、钼丝和切割液等易损、易耗件（品），发现损坏，及时更换。

七、数控电火花线切割加工实施

1. 手工编程加工

（1）目的

①掌握简单零件的线切割加工程序的手工编制技能。

②熟悉 ISO 代码编程及 3B 格式编程。

③熟悉线切割机床的基本操作。

（2）要求

学生能够根据零件的尺寸、精度和工艺等要求，应用 ISO 代码或 3B 格式手工编制出线切割加工程序，并且使用线切割机床加工出符合图样要求的合格零件。

（3）实习设备

DK7725E 型线切割机床。

（4）常用 ISO 编程代码

G92 X_Y_：以相对坐标方式设定加工坐标起点。

G27：设定 XY/UV 平面联动方式。

G01 X_Y_（U_V_）：直线插补。

X Y：表示在 XY 平面中以直线起点为坐标原点的终点坐标。

U V：表示在 UV 平面中以直线起点为坐标原点的终点坐标。

G02 U_V_I_J_：顺圆插补指令。

G03 X_Y_I_J_：逆圆插补指令。

以上 G02、G03 中是以圆弧起点为坐标原点，X、Y（U、V）表示终点坐标，I、J 表示圆心坐标。

M00：暂停。

M02：程序结束。

（5）3B 程序格式

BXYJGZ

B：分隔符号；X：X 坐标值；Y：Y 坐标值；

J：计数长度；G：计数方向；Z：加工指令。

（6）加工

①工艺分析

加工如图 9.1 所示心形零件外形，毛坯尺寸为 60mm×60mm，对刀位置必须设在毛坯之外，以图中 G 点坐标（−20，−10）作为起刀点，A 点坐标（−10，−10）作为起割点。为了便于计算，编程时不考虑钼丝半径补偿值，逆时针方向走刀。

②ISO 程序

程序注解

```
G92 X −20000 Y −10000          以 O 点为原点建立工件坐标系,起刀点坐标为( −20, −10);
G01 X10000 Y0                  从 G 点走到 A 点,A 点为起割点;
G01 X40000 Y0                  从 A 点到 B 点;
G03 X0 Y20000 I0 J10000        从 B 点到 C 点;
G01 X −20000 Y0                从 C 点到 D 点;
G01 X0 Y20000                  从 D 点到 E 点;
G03 X −20000 Y0 I−10000 J0     从 E 点到 F 点;
G01 X0 Y −40000                从 F 点到 A 点;
G01 X −10000 Y0                从 A 点回到起刀点 G;
M02                            程序结束。
```

③3B 格式程序

程序注解

```
B10000 B0 B10000 GX L1         从 G 点走到 A 点,A 点为起割点;
B40000 B0 B40000 GX L1         从 A 点到 B 点;
B0 B10000 B20000 GX NR4        从 B 点到 C 点;
B20000 B0 B20000 GX L3         从 C 点到 D 点;
B0 B20000 B20000 GY L2         从 D 点到 E 点;
B10000 B0 B20000 GY NR4        从 E 点到 F 点;
B0 B40000 B40000 GY L4         从 F 点到 A 点;
B10000 B0 B10000 GX L3         从 A 点回到起刀点 G;
D                             程序结束。
```

④加工

按机床操作步骤进行。

2. 自动编程加工

（1）目的及要求

①熟悉 HF 编程系统的绘画功能及图形编辑功能。

②熟悉 HF 编程系统的自动编程功能。

③掌握 HF 控制系统的各种功能。

（2）设备

DK7725E 型线切割机床及 CNC-10A 控制、编程系统。

（3）加工

工艺分析：加工如图 9.1 所示五角星外形，毛坯尺寸为 60mm×60mm，对刀位置必须设在毛坯之外，以图中 E 点坐标（−10，−10）作为对刀点，O 点为起割点，逆时针方向走刀。

【归纳总结】

简单介绍了电火花线切割加工原理、特点和应用，了解了电火花线切割加工的方法，通过实例论述了电火花线切割加工的工艺参数对加工质量效率的影响。

【任务评价】

项　　目	得　　分	备　　注
实习纪律		30 分
心形毛坯电火花切割		20 分
五角星形毛坯的加工		20 分
加工精度与质量		20 分
安全操作		10 分

复习思考题

1. 有关工具电极直接成型法的叙述中，不正确的是（　　）。

A. 需要重复装夹　　　　　　　B. 不需要平动头

C. 加工精度不高　　　　　　　D. 表面质量很好

2. 下列各项中对电火花加工精度影响最小的是（　　）。

A. 放电间隙　　　　　　　　　B. 加工斜度

C. 工具电极损耗　　　　　　　D. 工具电极直径

3. 有一孔形状及尺寸如图 9.22 所示，请设计电火花加工此孔的电极尺寸。已知电火花机床精加工的单边放电间隙 δ 为 0.03mm。

4. 在电火花加工中，怎样实现电极在加工工件上的精确定位？

5. 试比较常用电极（如紫铜、黄铜和石墨）的优缺点及使用场合。

6. 电火花穿孔加工中常采用哪些加工方法？

7. 电火花成型加工中常采用哪些加工方法？

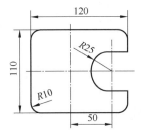

图 9.22　孔形状零件示意图

项目10
装配实训

【教学目标】

◎ **知识目标**

通过本项目的训练，使学生了解装配工作对机械产品质量的作用。了解装配钳工应完成的工作内容，了解保证产品装配精度的方法，了解《装配钳工手册》。

◎ **技能目标**

通过本项目的训练，使学生理解机械装配工艺基本概念；理解并掌握保证产品装配精度的方法；掌握典型部件装配的方法，能运用常用工具实现对典型部件装备。

◎ **情感与态度目标**

培养学生的表达、沟通能力和团队协作精神，培养学生的安全生产意识、效率意识及环保意识，培养学生的创新能力、自我发展能力，培养学生爱岗敬业的工作作风。

【项目分析】

根据项目目标，分为一个任务完成，即：

任务：减速器装配。

【项目实施】

任务： 减速器装配

图 10.1 所示为一个减速器装配图，完成其装配。

【任务引入】

装配是机器制造中的最后一道工序，因此，它是保证机器达到各项技术要求的关键。装配工作的好坏，对产品质量起着决定性的作用。装配是钳工一项非常重要的工作。

【任务分析】

本课题的任务是完成一个减速器的装配，因减速器要求较低，主要是用互换法保证精度，只有轴承间隙采用固定调整法，通过训练，了解装配的类型和装配过程，了解常用的装配方法。

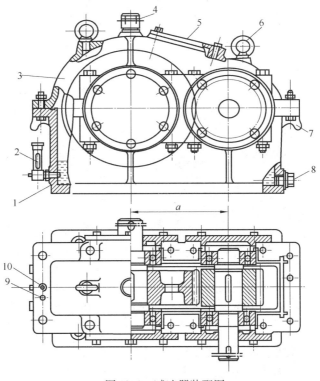

图 10.1　减速器装配图

1—下箱体；2—油标指示器；3—上箱体；4—透气孔；5—检查孔盖；
6—吊环螺钉；7—吊钩；8—油塞；9—定位销钉；10—起盖螺钉孔

【相关知识】

按照规定的技术要求，将零件组装成机器，并经过调整、试验，使之成为合格产品的工艺过程称为装配。

1. 装配的类型与装配过程

1）装配类型

装配类型一般可分为组件装配、部件装配和总装配。

组件装配是将两个以上的零件连接组合成为组件的过程。例如曲轴、齿轮等零件组成的一根传动轴系的装配。

部件装配是将组件、零件连接组合成独立机构（部件）的过程。例如车床主轴箱、进给箱等的装配。

总装配是将部件、组件和零件连接组合成为整台机器的过程。

2）装配过程

机器的装配过程一般由三个阶段组成：一是装配前的准备阶段，二是装配阶段（部件装配和总装配），三是调整、检验和试车阶段。装配过程一般是先下后上，先内后外，先难后易，先装配保证机器精度的部分，后装配一般部分。

2. 零、部件连接类型

组成机器的零、部件的连接形式很多，基本上可归纳成两类：固定连接和活动连接。每一类的连接中，按照零件结合后能否拆卸又分为可拆连接和不可拆连接，见表 10.1。

表 10.1　机器零、部件连接形式

固定连接		活动连接	
可拆	不可拆	可拆	不可拆
螺纹、键、销等	铆接、焊接、压合、胶结等	轴与轴承、丝杠与螺母、柱塞与套筒等	活动连接的铆合头

3. 装配方法

1）完全互换法

装配时，在各类零件中任意取出要装配的零件，不需任何修配就可以装配，并能完全符合质量要求。装配精度由零件的制造精度保证。

2）选配法（不完全互换法）

按选配法装配的零件，在设计时其制造公差可适当放大。装配前，按照严格的尺寸范围将零件分成若干组，然后将对应的各组配合件装配在一起，以达到所要求的装配精度。

3）修配法

当装配精度要求较高，采用完全互换不够经济时，常用修正某个配合零件的方法来达到规定的装配精度。如车床两顶尖不等高，装配时可刮尾座来达到精度要求等。

4）调整法

调整法比修配法方便，也能达到很高的装配精度，在大批生产或单件生产中都可采用此法。但由于增设了调整用的零件，使部件结构显得复杂，而且刚性降低。

4. 装配前的准备工作

装配是机器制造的重要阶段。装配质量的好坏对机器的性能和使用寿命影响很大。装配不良的机器，将会使其性能降低，消耗的功率增加，使用寿命减短。因此，装配前必须认真做好以下几点准备工作：

1）研究和熟悉产品图样，了解产品结构以及零件作用和相互连接关系，掌握其技术要求。

2）确定装配方法、程序和所需的工具。

3）备齐零件，进行清洗，涂防护润滑油。

5. 典型连接件装配方法

装配的形式很多，下面着重介绍螺纹连接、滚动轴承和齿轮等几种典型连接件的装配方法。

1）螺纹连接

如图 10.2 所示，螺纹连接常用的零件有螺钉、螺母、双头螺柱及各种专用螺纹等。螺纹连接是现代机械制造中用得最广泛的一种连接形式。它具有紧固可靠、装拆简便、调整和更换方便，宜于多次拆装等优点。

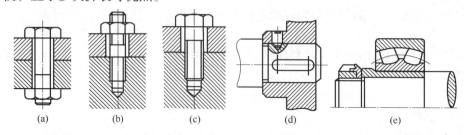

图 10.2　常见的螺纹连接类型

（a）螺栓连接；（b）双头螺柱连接；（c）螺钉连接；（d）螺钉固定；（e）圆螺母固定

对于一般的螺纹连接可用普通扳手拧紧，而对于有规定预紧力要求的螺纹连接，为了保证规定的预紧力，常用指示式扭力扳手或其他限力扳手以控制转矩，如图 10.3 所示，在紧固成组螺钉和螺母时，为使紧固件的配合面上受力均匀，应按一定的顺序来拧紧。图 10.4 所示为两种拧紧顺序的实例。按图中数字顺序拧紧，可避免被连接件的偏斜、翘曲和受力不均。而且每个螺钉或螺母不能一次就完全拧紧，应按顺序分 2～3 次才全部拧紧。

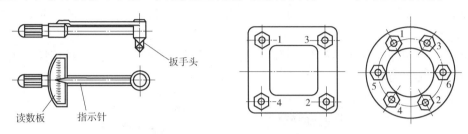

图 10.3　指示式扭力扳手　　　　　图 10.4　两组拧紧顺序的实例

零件与螺母的贴合面应平整光洁，否则螺纹容易松动。为提高贴合面质量，可加垫圈。在交变载荷和振动条件下工作的螺纹连接，有逐渐自动松开的可能，为防止螺纹连接的松动，可用弹簧垫圈、止退垫圈、开口销和止动螺钉等防松装置，如图 10.5 所示。

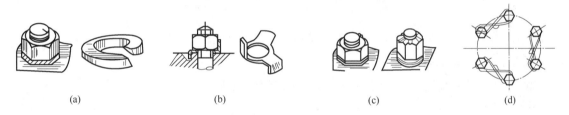

(a)　　　　　　　(b)　　　　　　　(c)　　　　　　　(d)

图 10.5　各种螺母防松装置

（a）弹簧垫圈；（b）止退垫圈；（c）开口销；（d）止动螺钉

2）滚动轴承的装配

滚动轴承的配合多数为较小的过盈配合，常用锤子或压力机采用压入法装配，为了使轴承圈受力均匀，采用垫套加压。轴承压到轴颈上时应施力于内圈端面，如图 10.6a 所示；当轴承压到座孔中时，要施力于外环端面上，如图 10.6b 所示；若同时压到轴颈和座孔中时，整套应能同时对轴承内外端面施力，如图 10.6c 所示。

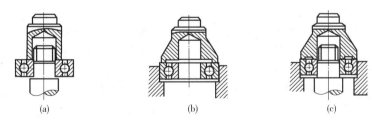

(a)　　　　　　　(b)　　　　　　　(c)

图 10.6　滚动轴承的装配

（a）施力于内圈端面；（b）施力于外环端面；（c）施力于内外环端面

当轴承的装配是较大的过盈配合时，应采用加热装配，即将轴承吊在 80～90℃ 的热油中加热，使轴承膨胀，然后趁热装入。注意轴承不能与油槽底接触，以防过热。如果是装入座孔的轴承，需将轴承冷却后装入。轴承安装后要检查滚珠是否被咬住，是否有合理的间隙。

3）齿轮的装配

齿轮装配的主要技术要求是保证齿轮传递运动的准确性、平稳性、轮齿表面接触斑点和齿侧间隙合乎要求等。轮齿表面接触斑点可用涂色法检验，先在主动轮的工作齿面上涂上红丹，使相啮合的齿轮在轻微制动下运转，然后看从动轮啮合齿面上接触斑点的位置和大小，如图 10.7 所示。

齿侧间隙一般可用塞尺插入齿侧间隙中检查，塞尺是由一套厚薄不同的钢片组成的，每片的厚度都标在它的表面上。

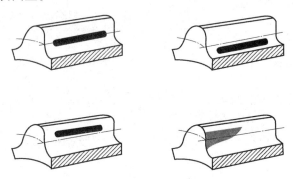

图 10.7　用涂色法检验啮合情况

6. 部件装配和总装配

完成整台机器装配，必须经过部件装配和总装配过程。

（1）部件的装配

部件的装配通常是在装配车间的各个工段（或小组）进行的。部件装配是总装配的基础，这一工序进行得好与坏，会直接影响到总装配和产品的质量。

部件装配的过程包括以下四个阶段：

1）装配前按图样检查零件的加工情况，根据需要进行补充加工。

2）组合件的装配和零件相互试配。在这阶段内可用选配法或修配法来消除各种配合缺陷。组合件装好后不再分开，以便一起装入部件内。互相试配的零件，当缺陷消除后，仍要加以分开（因为它们不是属于同一个组合件），但分开后必须做好标记，以便重新装配时不会调错。

3）部件的装配及调整，即按一定的次序将所有的组合件及零件互相连接起来，同时对某些零件通过调整正确地加以定位。通过这一阶段，对部件所提出的技术要求都应达到。

4）部件的检验，即根据部件的专门用途做工作检验。如水泵要检验每分钟出水量及水头高度，齿轮箱要进行空载检验及负荷检验，有密封性要求的部件要进行水压（或气压）检验，高速转动部件还要进行动平衡检验等。只有通过检验确定合格的部件，才可以进入总装配。

（2）总装配

总装配就是把预先装好的部件、组合件和其他零件，以及从市场采购来的配套装置或功能部件装配成机器。总装配的过程及注意事项如下：

1）总装前，必须了解所装机器的用途、构造、工作原理以及与此有关的技术要求，接着确定它的装配程序和必须检查的项目，最后对总装好的机器进行检查、调整和试验，直至机器合格。

2）总装配执行装配工艺规程所规定的操作步骤，采用工艺规程所规定的装配工具。应按从里到外，从下到上，以不影响下道装配为原则的次序进行。操作中不能损伤零件的精度和表面粗糙度，对重要的复杂的部分要反复检查，以免搞错或多装、漏装零件。在任何情况下应保证污物不进入机器的部件、组合件或零件内。机器总装后，要在滑动和旋转部分加润滑油，以防运转时出现拉毛、咬住或烧损现象。最后要严格按照技术要求，逐项进行检查。

3）装配好的机器必须加以调整和检验。调整的目的在于查明机器各部分的相互作用及各个机构工作的协调性。检验的目的是确定机器工作的正确性和可靠性，发现由于零件制造的质量、装配或调整的质量问题所造成的缺陷。小的缺陷可以在检验台上加以消除，大的缺陷应将机器送到原装配处返修。修理后再进行第二次检验，直至检验合格为止。

4）检验结束后应对机器进行清洗，随后送修饰部门上防锈漆、涂漆。

【任务实施】

装配过程如下：

1. 装配底座部装

底座的安装主要是螺纹连接，装配油塞和油尺，注意防泄漏，如图10.8所示。

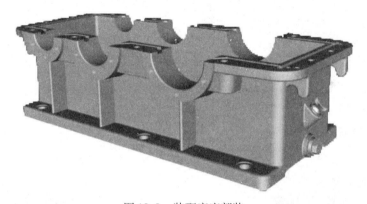

图 10.8　装配底座部装

2. 装配输出轴部装

输出轴的安装，包括齿轮安装和轴承安装。齿轮安装注意轴向定位，如10.9所示。

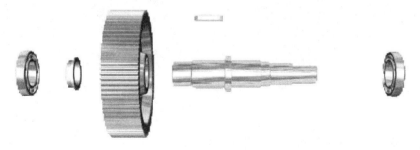

图 10.9　装配输出轴部装

3. 装配中间轴部装

中间轴的安装，包括齿轮安装和轴承安装。齿轮安装注意轴向定位，如图 10.10 所示。

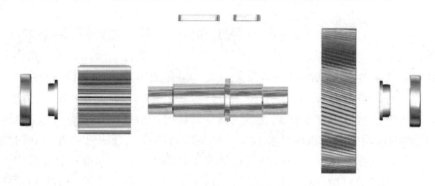

图 10.10　装配中间轴部装

4. 装配输入轴部装

输入轴的安装，主要是轴承安装，如图 10.11 所示。

图 10.11　装配输入轴部装

5. 安装各轴

注意方向，如图 10.12 所示。

6. 观察齿轮啮合旋转

手动各轴运转平稳。

7. 安装上盖部装

主要是螺纹连接，如图 10.13 所示。

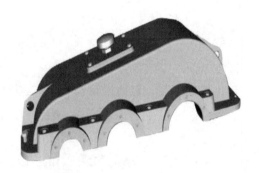

图 10.12　安装各轴示意图　　　　　图 10.13　安装上盖部装

8. 安装上盖

用定位销保证上下位置正确装配，如图 10.14 所示。

9. 安装连接螺栓

安装连接螺栓如图 10.15 所示。

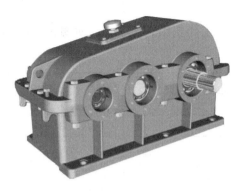 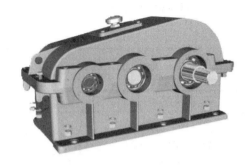

图 10.14 安装上盖　　　　　　　　　　　图 10.15 安装连接螺栓

10. 安装轴承端盖

通过调整垫片，保证各轴轴承间隙适中，如图 10.16 所示。

减速箱装配技术要求如下：

（1）输入轴、输出轴及传动轴弯曲度 <0.02mm/m，圆度 <0.01mm。

（2）斜齿轮啮合面应 >70% 齿长，且 >40% 齿高。

（3）齿轮面磨损超过 1mm 必须修整，磨损 > 2mm 必须更换（且需成对更换），齿面疲劳剥落损伤 <10%。

（4）各轴承外圈与减速箱的间隙应为 0.005 ~ 0.025mm。轴承内圈与轴负公差为 0.005 ~ 0.025mm。轴承顶隙应为 0.12 ~ 0.16mm。

图 10.16 安装轴承端盖

（5）当更换轴承时，必须用热套工艺，油温为 90 ~ 110℃。耦合器或刚性联轴节的安装，一般用丝杠顶进，严禁用大锤敲击。

（6）减速箱各油封应完整无损伤、老化和龟裂现象，旋转轴尺寸公差一般为 f9 或 h9。

（7）高速轴锥齿轮，啮合间隙在 0.1 ~ 0.15mm。

（8）一般情况下，减速箱调整轴向窜动间隙为：

低速轴　　0.15 ~ 0.2mm

中速轴　　0.2 ~ 0.25mm

高速轴　　0.1 ~ 0.15mm

（9）减速箱各接合面应平整，组装后无泄漏现象。联轴节或耦合器中心调整误差小于 0.1m。

（10）减速箱组装完好后手盘高速轴，应转动灵活自如，无卡涩、异响。

【归纳总结】

机器产品的质量与装配关系密切，通过对减速器的装配实训，掌握机器产品的正确安装

方法。

【任务评价】

本任务以掌握机械装配技能为主，主要检验学生正确使用装配工具，掌握正确的装配方法。

项　目	得　分	备　注
实习纪律		30 分
装配工具		15 分
装配方法		15 分
螺纹的装配与调整		10 分
齿轮的装配		10 分
整机测试		10 分
安全操作		10 分

复习思考题

1. 常用装配类型有哪些？
2. 零部件连接的类型有哪些？
3. 保证设备装配精度常用的装配方法有哪些？

项目11 砂型铸造实训

【教学目标】

◎**知识目标**

通过本项目的训练，使学生了解铸造在机械生产中的作用，熟悉铸造种类，铸造用材，铸造设备等。了解铸造工应完成的工作内容，了解保证铸件质量的方法，了解铸造工手册。

◎**技能目标**

通过本项目的训练，使学生理解砂型铸造的基本概念；理解并掌握保证砂型铸造铸件质量的方法；掌握砂型铸造的基本方法，掌握铸造成形工艺流程编制方法，能完成砂型铸造。并通过实习与生产实践初步接触到铸造生产的各个环节，了解和掌握一般的铸造生产工艺知识和基础技能，培养动手能力，为后续学习、课程设计，以及毕业后从事有关方面的工作奠定实践基础。

◎情感与态度目标

培养学生的表达、沟通能力和团队协作精神；培养学生的培养学生安全生产意识、效率意识及环保意识；培养学生的创新能力、自我发展能力；培养学生爱岗敬业的工作作风。

【项目分析】

根据项目目标，分一个任务完成，具体是：

任务：砂型铸造。

【项目实施】

任务：砂型铸造

使用砂箱，完成指导教师临时指定零件的砂型铸造。

【任务引入】

铸造是机械加工中生产零件毛坯的一种方法。先熟悉铸造的基本知识，对机械产品的制造是重要的。

学生在熟悉铸造基本知识的基础上，才可操作完成砂型铸造。

【任务分析】

本课题的任务是熟悉铸造的基本知识，了解铸造毛坯的特点，了解铸造的基本操作并完成砂型铸造。

【相关知识】

1. 铸造

铸造是一种液态金属成型的方法，即将金属加热到液态，使其具有流动性，然后浇入到具有一定形状的型腔的铸型中，液态金属在重力场或外力场（压力、离心力、电磁力等）的作用下充满型腔，冷却并凝固成具有型腔形状的铸件。

2. 所用材料

用于砂型铸造的样本零件叫砂型，制造砂型的基本原材料是铸造砂和型砂粘结剂。最常用的铸造砂是硅质砂。硅砂的高温性能不能满足使用要求时则使用锆英砂、铬铁矿砂、刚玉砂等特种砂。为使制成的砂型和型芯具有一定的强度，在搬运、合型及浇注液态金属时不致变形或损坏，一般要在铸造中加入型砂粘结剂，将松散的砂粒粘结起来成为型砂。应用最广的型砂粘结剂是粘土，也可采用各种干性油或半干性油、水溶性硅酸盐或磷酸盐和各种合成树脂。

砂型铸造中所用的外砂型按型砂所用的粘结剂及其建立强度的方式不同分为粘土湿砂型、粘土干砂型和化学硬化砂型

3. 具体铸造过程

砂型铸造是最为传统的铸造方法，压力铸造、熔模铸造与其基本原理相同，可说是由其发展而来。

典型生产流程如图 11.1 所示，为制造模具→→造型、制芯→合箱浇注（金属熔炼是与整体生产并行的，在合箱浇注时将熔炼合格的金属液浇入合箱完毕的铸型）→落砂清理→检验→加工。

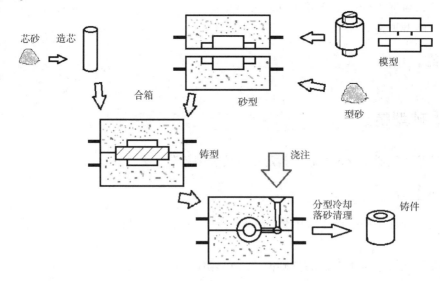

图 11.1　砂型铸造生产流程示意

需要注意，熔模铸造没有制芯这一流程，其原理为将可以气化的材料直接做成零件坯料，埋入砂型当中浇注金属液时坯料气化，金属液占据空下来的空间形成零件毛坯。

压力铸造就是在有压力的情况下浇注，这是相对传统的砂型铸造而言，因为砂型铸造是重力铸造，就是在自然重力作用下金属液充型。

【任务实施】

通过实习，了解铸造加工的工艺过程、特点及应用；了解铸造设备的结构、工作原理和使用方法；了解铸造工艺的目的、方法及常见缺陷；熟悉砂型铸造的基本工序和简单自由锻的操作技能。

操作前，必须穿戴好防护用品，检查所有工具是否安全、可靠；操作时，由指导教师指定待加工零件，在指导教师的指导下完成操作过程。

【归纳总结】

1. 铸造种类

铸造可以分为普通铸造和特种铸造，普通铸造有砂型铸造、手工造型、机器造型、震压造型、微震压实造型、高压造型、射压造型、空气冲击造型、抛砂造型，而特种铸造有熔模铸造、金属型铸造、压力铸造和离心铸造等。

2. 工艺路径

工艺路径见表11.1。

表 11.1　铸造工艺路径

项　　目	程　　序	备　　注
铸造工艺图	1. 根据产品的技术条件和要求，对其进行结构工艺性分析 2. 综合考虑难度、强度、成本等因素选择造型方法 3. 确定分型面和浇注位置 4. 选择工艺参数 5. 设计浇注口、冷铁等 6. 设计型芯	铸造工艺图是制造模样、芯盒等工装以及进行生产准备和验收的依据
铸件图	完成铸造工艺图后，画出铸件图	铸件图是验收铸件和设计机加工夹具的依据
铸型装配图	完成砂箱设计后，画出铸型装配图	铸型装配图是生产准备、合型、检验以及调整工艺的依据
铸造工艺卡片	综合全部设计内容，完成铸造工艺卡片	铸造工艺卡片是生产的重要依据

3. 注意事项

（1）使金属液流动平稳，避免严重紊流。

（2）防止卷入、吸收气体和使金属过度氧化。

（3）保证型内金属液面有足够的上升速度，以免形成夹砂结疤、皱皮、冷隔等缺陷。

（4）浇注系统的金属消耗应尽量小，并容易清理。

（5）减小砂型体积，使得造型简单，模样制造容易。

【任务评价】

项目	得分	备注
实习纪律		30 分
铸造方法与特点		10 分
铸造工艺		10 分
铸造流程		10 分
工件质量		30 分
安全操作		10 分

复习思考题

1. 铸造生产的特点是什么？

2. 列举 1～3 个常见的铸造生产出的日常用品，与组员交流并分析采用铸造工艺生产的原因。

3. 简述砂型铸造的生产过程。

4. 模样的形状、尺寸与铸件是否一样？为什么？

5. 制造模样时，应考虑并加入哪些工艺参数？

6. 如何铸造一个空心圆球？

工程训练报告

姓　　名：＿＿＿＿＿＿＿＿＿＿＿＿＿＿＿

学　　号：＿＿＿＿＿＿＿＿＿＿＿＿＿＿＿

专　　业：＿＿＿＿＿＿＿＿＿＿＿＿＿＿＿

指导教师：＿＿＿＿＿＿＿＿＿＿＿＿＿＿＿

日　　期：＿＿＿＿＿＿＿＿＿＿＿＿＿＿＿

二、钳工实训体会

三、车工实训体会

四、铣工实训体会

五、磨工实训体会

六、刨工实训体会

七、锻工实训体会

八、焊接实训体会

九、特种加工实训体会

十、机械装配实训体会

十一、铸造实训体会

十二、实习感想

粘贴章节后评分表（可另附纸）

工程训练安全生产条例

一、铸工训练安全注意事项

1. 穿戴好工作服等防护用品；

2. 造型时不要用嘴吹砂子；

3. 浇注时，其他同学应远离浇包；

4. 不可用手、脚等身体任何部位触及未冷却的铸件；

5. 不可在吊车下停留或行走；

6. 清理铸件时，要注意周围环境，以免伤人。

二、锻压训练安全注意事项

1. 穿戴好工作服等防护用品；

2. 使用前，对所使用的工具进行检查，如锤柄、锤头、砧子以及其它工具是否有损伤、裂纹、松动；

3. 加热时，不要用眼睛盯着加热部位，以免光热刺伤眼睛；

4. 操作时，手钳或其它工具的柄部应置于身体的旁侧，不可正对人体；

5. 手锻时，严禁戴手套打大锤。打锤者应站在与掌钳者成90°角的位置，抡锤前应观察周围有无障碍或行人。切割操作时，在料头飞出方向不准站人，操作到快要切断时应轻打；

6. 机锻时，严禁用锤头空击下砧铁，不准锻打过烧或已冷的工件。锻件及垫铁等工具必须放正、放平，以防飞出伤人；

7. 必须用手钳等工具放置或取出工件，用扫帚清除氧化皮。不得用手摸或脚踏未冷透的锻件；

8. 冲压操作时，手不得伸入上、下模之间的工作区间。从冲模内取出卡住的制件及废料时，要用工具，严禁用手抠，而且要把脚从脚踏板上移开，必要时应在飞轮停止后再进行。

三、焊工训练安全注意事项

1. 训练前要穿好工作服和工作鞋，焊接时要戴好工作帽．手套．防护眼镜或面罩等用品；

2. 焊接前应检查焊机接地是否正常，焊钳、电缆等绝缘是否良好，以防触电；

3. 不得将焊钳放在工作台上，以免短路烧坏电焊机。不许用手触及刚焊好的焊件，以防烫伤；

4. 氧气瓶、乙炔瓶旁严禁烟火，瓶体不得受撞击或触及油物；

5. 焊接场地通风必须良好，以防有害气体影响人体健康；

6. 焊后清渣时，要防焊渣崩入眼中；

7. 焊接结束时，要切断焊机电源，并检查焊接场地有无火种。

四、热处理训练安全注意事项

1. 穿戴好工作服等防护用品；

2. 操作前，应熟悉零件的工艺要求以及相关设备的使用方法，严格按工艺规程操作；

3. 使用电阻炉加热时，工件的进炉或出炉操作应在切断电源的情况下进行。使用盐浴炉加热时，工件和工具都应烘干；

4. 不要触摸出炉后尚在高温的热处理工件，以防烫伤；

5. 不要随意触摸或乱动车间内的化学药品、油类和处理液等。

五、切削加工训练安全注意事项

1. 操作机床时，必须穿好工作服并扎紧袖口，留长发者要戴工作帽，并将头发全部塞入帽内，不准带手套操作机床；

2. 高速切削时，要戴好防护镜，防止高速切削飞出的切屑损伤眼睛；

3. 开动机床前必须检查手柄位置是否正确，检查旋转部分与机床周围有无碰撞或不正常现象，并对机床加油润滑；

4. 工件、刀具和夹具必须装夹牢固。装夹工件后，应立即取下扳手；

5. 多人共用一台机床时，只能一人操作，严禁两人同时操作，以防意外。加工过程中不能离开机床。不准倚靠车床操作；

6. 不能用手触摸和测量旋转的和未停稳的工件或卡盘。清除切屑要用钩子或刷子，不可用手或工具量具直接清除；

7. 主轴运转时不得变换转速，以免发生设备和人身事故；

8. 发现机床运转有不正常现象，应立即停车，关闭电源，报告指导教师；

9. 操作时应注意他人的安全。

六、钳工训练安全注意事项

1. 进入训练场地要着工作装，袖口、衣襟要扎紧，不允许穿拖鞋和凉鞋。

2. 保持良好的教学秩序，常用工具、量具在使用时不得损坏，责任到人，锉刀不允许叠放，所有工具、量具规范使用，不得挪作他用。

3. 不得使用无手柄的锉刀、刮刀等，如果发现手柄有问题要立即向指导教师反映。

4. 工件在钳口夹紧要牢固，装夹小而薄的工件时要小心，以免伤到手指。

5. 一切工具、量具安放要稳妥，不要伸出桌外，以免受震动或碰撞后摔坏。

6. 锯削时用力要均匀，不能重压或强扭，工件快断时用力要小。

7. 錾削工件时不能正面对人，接近尽头时用力要轻。

8. 钻孔时不允许戴手套操作钻床，要在教师指导下安装不同工件，不同的孔径选择不同的紧固方式。

9. 拆装工件时使用扳手、改锥等工具时，用力不能太猛，以免打滑造成意外。

10. 训练结束后要整理工具放入柜子里，并打扫场地卫生。

参 考 文 献

[1] 盛善权主编. 机械制造基础 [M]. 北京：机械工业出版社. 1984.

[2] 陈文明，高殿玉主编. 金属工艺学实习教材 [M]. 北京：机械工业出版社. 1995.

[3] 蒋新军，张莉娟主编. 装配钳工（中级）[M]. 郑州：河南科学技术出版社. 2008.

[4] 何国旗，何瑛，刘吉兆主编. 机械制造工程训练 [M]. 长沙：中南大学出版社. 2012

[5] 张木青，于兆勤主编. 机械制造工程训练 [M]. 长沙：中南大学出版社. 2012.

[6] 李绍鹏主编. 金工实习 [M]. 北京：冶金工业出版社. 2012.

[7] 京玉海，冯新红，朱海燕. 金工实习 [M]. 天津：天津大学出版社，2009.

[8] 刘俊义主编. 机械制造工程训练 [M]. 南京：东南大学出版社，2013.

[9] 潘玉良，周建军编著. 机械工程基础 [M]. 北京：北京大学出版社，2013.

[10] 李月明主编. 实用钳工工艺 [M]. 北京：清华大学出版社，2012.

[11] 李益民，金卫东主编. 机械制造技术 [M]. 北京：机械工业出版社，2013.

[12] 孙曙光，张德生主编. 机械制造技术基础 [M]. 哈尔滨：哈尔滨工业大学出版社，2014.

[13] 孙希禄，曹丽娜主编. 机械制造工艺 [M]. 北京：北京理工大学出版社. 2012.

[14] 李菊丽，何绍华编. 机械制造技术基础 [M]. 北京：北京大学出版社，2013.